8° S
1260.

CARTE BOTANIQUE

DE LA

MÉTHODE NATURELLE

D'A. L. DE JUSSIEU,

Rédigée, par le C.en D**, d'après le *Tableau du règne végétal*, du C.en VENTENAT, membre de l'Institut national de France, et l'un des Conservateurs de la bibliothèque du Panthéon.

F. A. TINANT.

N° 540.

A PARIS,

DE L'IMPRIMERIE DE LA RÉPUBLIQUE.

AN IX.

AVERTISSEMENT

DE L'ÉDITEUR.

J'ÉTAIS depuis long-temps possesseur d'un exemplaire de la carte botanique de *Durande* : j'avais profité du voyage d'un ami qui me l'apporta en revenant de Dijon, la seule ville où on la retrouve encore. Sa vue me donna l'idée d'en dresser une dans le même genre pour servir à l'étude de la Méthode naturelle d'*A. L. Jussieu.* J'avais un guide sûr pour un tel ouvrage, c'était le *Genera plantarum* ; mais comment dresser une carte dont l'étendue, faite pour effrayer, devait comprendre près de deux mille genres ? comment sur-tout espérer de traduire avec justesse, élégance et précision, les caractères distinctifs de cent familles partagées en d'innombrables sections ? Publier cette carte en latin n'était pas remplir le but que je me proposais, qui était de faciliter aux élèves des deux sexes l'étude de la Méthode naturelle. Ne me sentant pas la force de vaincre tant de difficultés, je renonçai dès-lors à un projet qui avait flatté mon imagination ; et j'en remis l'exécution au temps où le C.en *Jussieu* lui-même, ou bien un botaniste digne de marcher sur ses traces, ferait passer dans notre langue les principes féconds répandus dans le *Genera plantarum*, et sur-tout dans le *proœmium* qui le précède.

Enfin parut en l'an 7, au grand contentement des professeurs et des élèves, le *Tableau du règne végétal*, en quatre volumes, avec des planches, ouvrage du C.en *Ventenat*, qui a su mettre à la portée des Français, dans le style le plus riche et le plus correct dont la science soit susceptible, tout le développement de la célèbre Méthode de *Jussieu.* Voilà ma carte toute faite, me suis-je écrié avec transport ! et sur-le-champ je m'occupai de sa rédaction. J'empruntai le secours d'une belle écriture pour mettre au net ce vaste tableau, qui fut entièrement achevé en moins de deux mois. La marche était toute tracée ; il n'a fallu que la patience d'un copiste fidèle. Le *Tableau du règne végétal* est un de ces ouvrages avec lesquels il est aisé d'en faire d'autres. C'est une source abondante d'où s'échappent mille ruisseaux qui vont féconder le vaste champ de la science. Je présentai ma rédaction aux C.ens *Jussieu* et *Ventenat*, qui applaudirent, ainsi qu'on le verra dans la lettre dont ils m'ont honoré, à ce nouveau moyen de parler aux yeux des élèves, et approuvèrent le projet que j'avais formé de la faire imprimer. Le Ministre de l'intérieur voulut bien exaucer mes desirs, en chargeant de cette impression le C.en *Duboy-Laverne* ; et grâce à leur zèle pour le progrès des sciences, les élèves pourront saisir d'un coup-d'œil l'ensemble des familles et des genres de la plus pure et de la plus vraie de toutes les méthodes.

Pour expliquer aux personnes qui n'ont pas l'ouvrage du C.en *Ventenat*, les principaux termes employés dans cette nouvelle carte, je n'avais rien de mieux à faire que d'emprunter de nos célèbres botanistes modernes, et surtout de l'ouvrage même du C.en *Ventenat*, toutes les notions élémentaires propres à cette explication. Mon but est rempli, si je facilite aux élèves l'étude d'une méthode sans laquelle ils ne peuvent espérer de faire de rapides progrès dans la connaissance des productions végétales.

D**.

Lettre du *C.*en Jussieu *au C.*en *D**, éditeur de la Carte botanique de la Méthode naturelle.*

Paris, 29 Prairial an 8.

J'ai examiné avec soin, Citoyen, votre tableau des familles de plantes, que vous avez bien voulu me faire passer pour avoir mon avis sur sa rédaction et sur la forme typographique que vous avez adoptée. Je dois plus que personne approuver l'idée de présenter les familles dans leur ensemble et de la manière la plus abrégée, pour les mettre plus à la portée du grand nombre. C'est avec plaisir que je vois les auteurs diriger leurs travaux vers l'ordre naturel ; la réunion de leurs efforts accélérera les progrès de la science. Sous ce point de vue, vous aurez bien mérité d'elle. Dans la rédaction, vous avez suivi les familles corrigées par le C.en *Ventenat;* et vous avez bien fait, parce que son ouvrage français peut mieux servir de commentaire à votre tableau, et que d'ailleurs, étant publié long-temps après le mien, il doit nécessairement avoir mis à profit les connaissances acquises dans l'intervalle.

La forme par colonnes est fort bonne; mais il me semble que vous devriez supprimer les deux colonnes qui bordent la carte et représentent la série des ordres, ainsi que celles qui, très-étroites, offrent l'indication des classes. Il serait possible de faire rentrer ces colonnes dans celle des genres. Déjà vous parlez des classes au haut du tableau, en les plaçant sous leurs divisions primaires respectives. Il me semble que vous pourriez, au-dessous des noms de classes, rappeler les noms des familles numérotés et en lettres romaines, ce qui vous prendrait environ la hauteur de six ou sept lignes en une ou deux ou trois colonnes. Au-dessous resteraient placés les genres suivant la disposition que vous avez adoptée. Avec cette légère réforme, vous donnerez à votre tableau moins de largeur ou moins de colonnes, et je crois que c'est un avantage. *

* Tous les changemens indiqués par le C.en *Jussieu* ont été faits.

Un pareil travail serait utile pour les écoles centrales, parce qu'il fournirait aux professeurs le moyen de parler aux yeux de leurs élèves. On a déjà fait de pareils tableaux, mais moins étendus, pour les méthodes de Tournefort et de Linné. Celui des familles a aussi été exécuté, mais en petit et sans l'addition des genres ; ce qui rend le vôtre supérieur et plus utile. Vous ajouteriez peut-être à son mérite, en ajoutant tous les genres qui ne sont pas dans l'ouvrage du C.en *Ventenat*, et qui ont été publiés depuis ; mais alors il aurait peut-être l'inconvénient d'être trop étendu. Tel qu'il est, il peut suffire pour son objet, et j'en verrai l'impression avec plaisir.

Recevez, je vous prie, mes remercîmens pour la communication que vous avez bien voulu me faire, et l'assurance de ma très-parfaite considération.

JUSSIEU.

NOTE du C.en VENTENAT, *au bas de la lettre du C.en* JUSSIEU.

Citoyen, je ne dois rien ajouter au témoignage flatteur que le C.en *Jussieu* rend de l'importance de votre travail. Personne n'est plus en état de le juger que l'auteur des familles naturelles. Je suis convaincu, en mon particulier, que la carte botanique que vous avez dressée, contribuera beaucoup aux progrès de la partie la plus étendue de l'histoire naturelle. La publication de cette carte vous assurera des droits à la reconnaissance de ceux qui veulent connaître à fond les productions végétales.

Salut, estime et fraternité.

VENTENAT.

RAPPORT demandé par le Ministre de l'intérieur.

Paris, le 25 Thermidor an 8.

LE C.en *D*** rédacteur et éditeur d'une Carte botanique, dans laquelle il présente les familles des végétaux dans leur ordre méthodique et naturel, demande qu'elle soit imprimée par les presses de la République.

Cette carte a obtenu l'approbation des C.ens *Jussieu* et *Ventenat*, qui tous deux ont embrassé et étendu le système clair et méthodique des familles naturelles. Rédigée d'après le *Tableau du règne végétal*, ouvrage en 4 volumes du C.en *Ventenat*, pour lequel le Gouvernement a souscrit en l'an 7, elle en offre en quelque sorte la récapitulation; et, suivant les expressions des savans naturalistes qu'on vient de nommer, elle peut être utile aux écoles centrales, et contribuer beaucoup aux progrès de la partie la plus étendue de l'histoire naturelle.

La botanique est une science dont les progrès, depuis quarante années, ont conduit à des découvertes qui deviennent très-intéressantes pour les arts et les manufactures. Son application, qui semblait n'avoir rien de positif que pour ce qui concerne la médecine et le soulagement de l'humanité, est parvenue depuis quelques années à un but général. Déjà nous avons plusieurs ouvrages qui non-seulement nous apprennent les genres et les familles qui donnent des substances colorantes, mais encore nous avons des traités qui apprennent à manipuler les plantes qui les procurent.

Cette science aujourd'hui semble devoir être popularisée; et pour y parvenir, il n'y a pas de plus sûrs moyens que d'employer l'entremise des sens: car, chez tous ceux qui sont susceptibles d'instruction, comme chez ceux à qui les organes, moins avantageusement conformés, refusent la facilité d'apprendre, l'œil est la voie la plus certaine que puisse prendre la science pour s'emparer des facultés intellectuelles.

Nous avons plusieurs exemples de l'instruction de la botanique par le moyen des cartes. *Durande*, célèbre professeur à Dijon, s'en servait pour la démontrer à ses élèves.

Par ce moyen, tout ce qui est abstrait dans une science, disparaît. Quand on a vu une carte, on ne croit plus qu'il ait pu exister des difficultés dans la nomenclature et dans les classifications.

La carte rédigée par le C.en *D*** d'après l'ouvrage du C.en *Ventenat*, en est le complément. Par la clarté qui règne dans son ensemble, elle démontre les affinités, et conséquemment les propriétés, d'une manière qui ne peut qu'être très-utile aux progrès des arts. En retraçant rapidement à la pensée, les divisions consacrées par la nature, elle devient encore plus digne d'attention par la facilité qu'elle doit procurer à la classe des ouvriers; car la teinture a déjà fait son domaine de la botanique, et il n'y a pas de doute que si l'instruction se propage, l'usage qu'elle en fera dans la suite ne soit très-efficace.

Cette carte a été approuvée par le C.en *Jussieu*, qui a indiqué de légers changemens; et en la faisant précéder d'une instruction qui expliquerait clairement les termes techniques pour ceux qui n'auraient pas l'ouvrage du C.en *Ventenat*, on ne doute pas qu'elle ne soit très-utile.

Le Rapporteur soussigné a l'honneur de proposer au Ministre d'autoriser le Directeur de l'imprimerie de la République à faire imprimer cette carte, dont l'utilité est démontrée.

LANSEL.

De la main du Ministre :

Approuvé.

EXTRAIT

Des Ouvrages de quelques Botanistes modernes, pour servir à l'intelligence de la CARTE BOTANIQUE.

EXPOSITION des organes du végétal dans l'ordre qui leur convient, ou Plan méthodique propre à diriger dans l'étude de la Botanique.

LES végétaux sont des êtres organisés. Les organes des végétaux se divisent, de même que ceux des animaux, en organes similaires et en organes dissimilaires. Les organes similaires sont composés de parties simples, homogènes, du moins en apparence. On en distingue de deux sortes ; savoir, les fibres et les utricules. Les fibres sont de petits filets ligneux, regardés par le plus grand nombre des botanistes, comme des tuyaux ou vaisseaux dans lesquels circulent les fluides des végétaux : leur direction est longitudinale. On en distingue de trois espèces ; savoir, les vaisseaux séveux, les vaisseaux propres et les vaisseaux aérophores ou trachées. Les utricules sont de petites bourses, de petites vessies qui, se touchant immédiatement, forment des files ou séries dont la direction est horizontale. Les fibres et les utricules, par leurs différentes combinaisons, ou par leurs diverses contextures, donnent naissance à l'écorce, au bois et à la moelle.

Diction. de botan. du C.en VENTENAT, au mot *Végétal.*

L'écorce est formée de fibres et de rangées d'utricules distinctes et parallèles. C'est une peau épaisse, composée de diverses couches d'une nature différente. La plus extérieure est l'épiderme, c'est-à-dire, cette membrane mince qui sert d'enveloppe aux différentes parties des plantes, et qui est diversement colorée. On trouve immédiatement au-dessous de l'épiderme, une substance succulente et herbacée, appelée *enveloppe cellulaire.* Cette substance est très-abondante dans le Sureau, où elle est de couleur verte, et elle paraît, pour ainsi dire, toute formée d'utricules. On aperçoit sous l'enveloppe cellulaire, des plans de fibres longitudinales, qu'on appelle *couches corticales.* On leur donne aussi le nom de *liber*, parce que ces couches, macérées dans l'eau, se détachent comme les feuillets d'un livre. Ces couches sont formées de fibres qui s'étendent de bas en haut, mais qui ne suivent pas des lignes droites : elles s'écartent, se rapprochent, se touchent en différens endroits, et forment une sorte de réseau fort irrégulier dont les mailles ou espaces vides sont remplis par les utricules qui coupent à angles droits les fibres longitudinales ; ce qui fait un entrelacement assez semblable à celui des morceaux de bois dont une claie est composée.

On distingue dans l'écorce les vaisseaux séveux, c'est-à-dire, ceux qui contiennent la séve, ou cette liqueur simple qui coule avec abondance dans le végétal pendant le printemps, et qui monte, s'élève durant le jour, tandis qu'elle s'abaisse et descend aux approches de la nuit. On y observe sur-tout les vaisseaux propres, ainsi appelés, parce qu'ils contiennent une liqueur ou suc propre à chaque végétal. Ce suc propre varie quant à sa substance, quant à sa couleur, quant à son odeur et quant à sa saveur. Pour ce qui concerne les vaisseaux aérophores ou trachées, c'est-à-dire, ceux qui sont roulés en spirale, et qui contiennent l'air aussi nécessaire à la vie des végétaux qu'à celle des animaux, leur existence n'est pas encore démontrée d'une manière rigoureuse dans l'écorce.

On trouve sous l'écorce, le bois, corps solide qui donne du soutien et de la force aux arbres. Le bois est formé de paquets de fibres longitudinales, réunies étroitement, et agglutinées par le tissu utriculaire qui leur est interposé. Il se distingue en bois imparfait ou aubier, et en bois parfait ou bois proprement dit. L'aubier, dont l'organisation est la même que celle du corps ligneux, est un bois qui n'a pas encore acquis toute sa solidité. Le bois parfait, ou le corps ligneux dans lequel existent les vaisseaux séveux, les vaisseaux propres et les vaisseaux aérophores, est formé de couches qui s'enveloppent et se recouvrent les unes les autres. On trouve dans le centre une substance spongieuse, formée de vaisseaux très-lâches et d'utricules très-larges, connue sous le nom de *moelle.* Cette substance, pressée par les couches ligneuses qui se forment successivement, tend à s'échapper, parvient jusqu'à l'écorce, et forme sur l'aire d'une coupe transversale, ces lignes qui, partant du tronc, aboutissent à l'écorce, et auxquelles on donne le nom d'insertions ou de prolongemens médullaires.

La structure de la tige des plantes herbacées diffère de celle du tronc des arbres; elle varie même selon les différentes espèces d'herbes. En général, les tiges herbacées sont composées d'une écorce sous laquelle est un tissu cellulaire plus ou moins épais et succulent : on trouve ensuite les fibres ou vaisseaux qui donnent de la consistance à la plante, et l'intérieur de la tige est rempli par un tissu utriculaire ou par la moelle. Si l'on coupe transversalement une tige de Souci, on aperçoit une rangée circulaire de vaisseaux sous l'écorce, et le tissu utriculaire occupe ensuite tout l'intérieur de la tige. La conformation de la tige de la Citrouille est différente de celle du Souci. On observe à la vérité, sous son écorce, une rangée de vaisseaux; mais l'on remarque, presque vers le centre, sept paquets de vaisseaux d'un calibre assez considérable, qui sont rangés circulairement. Chacun de ces paquets est formé de huit à douze vaisseaux, qui non-seulement contiennent la lymphe, mais qui paraissent encore faire les fonctions de trachées. Les interstices des paquets de vaisseaux sont remplis par le tissu utriculaire. Dans plusieurs plantes de la famille des Joncs et de celle des Cypéroïdes, l'intérieur de la tige est rempli par la moelle ou par un tissu utriculaire, qui est plus spongieux et moins aqueux que dans beaucoup d'autres plantes.

Les organes dissimilaires formés par le concours des organes précédens, se divisent en organes conservateurs et en organes reproducteurs. Les organes conservateurs sont la racine, la tige et les feuilles : les organes reproducteurs sont la fleur et le fruit.

La racine prépare les différens sucs que les fibres ou chevelus dont elle est munie, ont puisés dans le sein de la terre; la tige reçoit ces sucs, et les distribue dans les divers organes dont elle est le support. Les feuilles, que l'on ne doit pas regarder comme un simple ornement des plantes, exhalent, par leur surface supérieure, le superflu des liqueurs, tandis qu'elles pompent, par leur surface inférieure, les vapeurs de l'atmosphère, qui, refoulées dans le végétal, augmentent la quantité de la séve et concourent à la nourriture de l'individu. Les fleurs qui s'échappent des boutons, présagent une postérité nombreuse. Bientôt on voit paraître les organes sexuels, ordinairement entourés d'une double enveloppe; l'extérieure, ou le calyce, qui est une continuation de l'écorce du péduncule, sert de berceau à la fleur ; et l'intérieure, ou la corolle, qui est une continuation du liber, est comparée au lit où se célèbrent les noces. La corolle n'existe pas dans toutes les fleurs : tantôt elle est d'une seule pièce, tantôt elle est formée de plusieurs parties qu'on nomme *pétales ;* elle environne et défend les organes sexuels, qui sont les étamines et le pistil. Les étamines, dont l'insertion se fait *sous* l'ovaire, *sur* l'ovaire ou *autour* de l'ovaire, sont le plus souvent composées chacune d'un filament et d'une anthère. Le filament est une espèce de support dont l'existence n'est point absolument nécessaire. L'anthère est un petit sachet rempli de globules qui contiennent le fluide fécondant. Les parties du pistil sont, l'ovaire, qui renferme les ovules ou rudimens des semences ; le style, qui prend ordinairement naissance sur le sommet de l'ovaire ; et le stigmate, qui termine le style. Lorsque le moment de la fécondation approche, les fleurs s'épanouissent ; les globules fécondans, lancés de l'anthère, parviennent jusqu'au stigmate ; pénétrés par le suc visqueux dont la surface de cet organe est humectée, ils s'entr'ouvrent ; le fluide vivifiant qu'ils contenaient s'échappe, s'insinue dans les vaisseaux du style, parvient jusqu'aux ovules, et leur communique le principe de la vie.

C'est dans ce moment que la corolle, les étamines et le style se flétrissent. La nourriture que ces organes retiraient de la plante, se porte sur l'ovaire fécondé, qui prend son accroissement et devient un fruit parfait.

Le fruit consiste quelquefois en une ou plusieurs semences, tantôt nues, tantôt renfermées dans le calyce qui persiste ; mais le plus souvent il est formé d'une enveloppe plus ou moins solide, de nature différente, appelée *péricarpe,* et il contient un plus ou moins grand nombre de semences.

La semence, considérée à l'extérieur, est enveloppée d'une double membrane, dont la plus intérieure est souvent peu apparente. On remarque ordinairement, sur un de ses côtés, un ombilic auquel est attaché un filament court qui tient au placenta. La semence, considérée dans son intérieur, renferme l'embryon, qui, dans les plantes Phanérogames, est tantôt formé de la radicule, de la plumule et de deux lobes; tantôt de la radicule, de la plumule et d'un seul lobe : on y trouve aussi quelquefois deux corps ou organes qui entourent l'embryon; l'un est appelé *périsperme* ou *albumen*, et l'autre est nommé *vitellus.*

La semence déposée dans le sein de la terre, germe, aussitôt que l'humidité, l'air et la chaleur ont donné un premier mouvement aux tendres organes de la plantule. Les lobes, faisant les fonctions de mamelles, entretiennent et augmentent les principes de la vie végétale; des sucs abondans puisés dans l'intérieur de la terre par la radicule, circulent dans la jeune plante; le végétal s'accroît insensiblement; la tige se forme, les rameaux se développent, un feuillage verdoyant compose leur parure; les fleurs s'épanouissent; les organes de la génération remplissent le but de la nature, l'ovaire est fécondé, et le fruit ne tarde pas à paraître.

La durée de l'existence des végétaux paraît proportionnée à leur nature : il en est qu'on peut réellement appeler éphémères; le même jour qui voit naître plusieurs Cryptogames, les voit également mourir. Le *Draba* subsiste à peine quelques mois, tandis que le Chêne survit à plusieurs générations.

Les végétaux ne parviennent pas toujours au terme fixé par la nature. Ils sont sujets, de même que les animaux, à un grand nombre de maladies qui

dérangent

dérangent leur économie, et qui abrégent le cours de leur existence.

La plupart des végétaux ne se reproduisent pas seulement par la voie naturelle des semences; mais ils se multiplient encore par le développement des germes nombreux répandus avec profusion dans toutes leurs parties. Quoique le nombre des espèces que l'on a observées, et qui sont très-distinctes, s'élève à plus de vingt mille, nous ne devons pas néanmoins nous flatter de connaître toutes les plantes qui croissent sur la surface du globe. Les voyages que des naturalistes éclairés entreprennent tous les jours pour étudier les végétaux des contrées les plus reculées ou des pays nouvellement découverts, enrichissent sans cesse le domaine de la botanique. Le génie le plus vaste ne parviendrait jamais à saisir l'ensemble des productions végétales, si elles ne fournissaient, dans leurs différens organes et dans les différentes considérations de ces organes, des moyens ou caractères pour les distinguer. C'est à la recherche de ces caractères, c'est sur-tout à la connaissance de leur valeur et de leur affinité, que les botanistes doivent s'appliquer, puisque les meilleures méthodes sont fondées sur les caractères les plus essentiels, les moins variables, que fournissent les organes les plus importans.

Importance de la méthode naturelle.

La méthode naturelle doit être unique, universelle ou générale, c'est-à-dire, ne souffrir aucune exception, et être indépendante de notre volonté, mais se régler sur la nature des êtres, qui consiste dans l'ensemble de leurs parties et de leurs qualités. Il faut donc considérer les racines, les tiges, les feuilles, les fleurs et les fruits; enfin toutes les

Adanson, Préface, pag. 155.

BIBLIOTHÈQUE NATIONALE R.F. IMPRIMÉS

parties et qualités ou propriétés et facultés des plantes.

C'est du nombre, de la figure, situation et proportion respective de ces parties ; c'est de leur symétrie, c'est de la comparaison de leurs rapports ou ressemblances, et de leurs différences, et de celle de leurs qualités ; c'est de cet ensemble que naît la convenance, cette affinité qui rapproche les plantes et les distingue en classes ou familles.

La vraie physique des plantes est donc celle qui considère les rapports de toutes leurs parties et qualités, sans en excepter une seule ; elle réunit toutes les plantes en familles naturelles et invariables, fondées sur tous les rapports possibles, et elle facilite l'étude de la botanique, en présentant les connaissances sous des points de vue plus généraux, sans les borner. Telle est l'idée qu'on doit se faire de la méthode naturelle. Il n'y en a et ne peut y en avoir d'autre, puisqu'elle renferme tous les objets sur lesquels on peut porter son attention. Personne que je sache n'a dit, avant M. *de Buffon*, que c'était de la considération, de l'ensemble des parties des êtres, qu'il fallait déduire les familles, ou, ce qui est la même chose, la méthode naturelle. « Il me paraît, dit-il en 1750 (1), que le seul moyen » de faire une méthode instructive et naturelle, c'est » de mettre ensemble les choses qui se ressemblent, » et de séparer celles qui diffèrent les unes des » autres..... Voilà l'ordre méthodique qu'on doit » suivre dans l'arrangement des productions natu» relles ; bien entendu que les ressemblances et les » différences seront prises, non-seulement d'une » partie, mais du tout ensemble, et que cette mé» thode d'inspection se portera sur la forme, sur la

---

(1) *Histoire naturelle générale*, tom. I.er, pag. 21.

» grandeur, sur le port extérieur, sur les différentes » parties, sur leur nombre, sur leur position, sur la » substance même de la chose, et qu'on se servira » de ces élémens, en petit ou en grand nombre, à » mesure qu'on en aura besoin. »

Un autre avantage qu'on peut retirer de l'étude des plantes ainsi rangées par familles, c'est une connaissance facile et très-étendue des vertus des plantes, et la distinction de celles qui leur sont propres d'avec celles qui ne sont qu'accessoires. *Ib.* pag. 195.

Toutes les plantes d'une même famille ayant la même ou les mêmes vertus, qui ne diffèrent que du plus au moins, il est évident que lorsqu'on saura rapporter une plante à sa famille naturelle, on saura dès-lors sa vertu, et qu'on pourra avec des plantes différentes, dans des climats différens, guérir des maladies semblables.

Les formes arrêtées par la nature, et toutes les différences qu'elle établit entre les espèces, sont concentrées dans le germe. PHILIBERT. Introd. à la botanique.

La situation relative et variée des étamines et des pistils, modifie la fécondation qui lui donne la vie. Nuls caractères ne sont donc plus naturels, nuls ne satisfont davantage l'esprit et la raison, que ceux qui se tirent de l'organisation de la semence.

La méthode de *Jussieu* offre la distribution la plus naturelle des végétaux qu'on ait encore imaginée, et ne présente presque aucune des disparités choquantes dont les systèmes qui ont paru jusqu'à ce jour sont si abondamment remplis. LA MARCK.

Le but d'une méthode naturelle est d'enchaîner toutes nos idées, de nous faire saisir tous les points communs par lesquels les êtres se tiennent les uns aux autres, de n'offrir aucun objet à nos regards sans nous montrer en même temps tout ce qui existe en-deçà et au-delà, et de nous exercer par ce moyen à ces grandes vues qui parcourent toute la sphère d'un sujet, et qui sont, pour ainsi dire, le coup-d'œil du génie.

VENTENAT. Discours sur l'étude de la botani., Tabl. du règ. vég.

Je me propose dans cette dissertation, 1.° de prouver que l'étude des rapports naturels a occupé dans tous les temps plusieurs célèbres botanistes; 2.° de rechercher quels sont les organes des plantes qui, par leur universalité et par les considérations les plus importantes qu'ils fournissent, méritent d'être préférés dans l'établissement des ordres naturels.

I. Pour déterminer la marche que l'on doit suivre dans l'étude des connaissances humaines, il faut établir, d'une manière claire et précise, quel est le but que chaque science se propose. Il semble, au premier aspect, qu'il n'est pas possible de se tromper sur un objet de cette importance. L'astronomie, la chimie, la médecine, &c., ont un but parfaitement distinct et facile à saisir; mais les diverses branches de l'histoire naturelle ne présentent pas le même avantage. Ceux qui se livrent à l'étude des productions répandues sur la surface du globe, ou renfermées dans son intérieur, se flattent qu'ils auront fait de grands progrès, lorsqu'ils seront parvenus à leur assigner la dénomination qui leur convient. Ils ignorent que le vrai naturaliste doit considérer les êtres bruts et organisés, dans les différens états où ils passent successivement, depuis leur formation ou leur naissance jusqu'à leur destruction; étudier la nature des élémens ou des organes dont ils sont composés; observer les différences qui résultent du nombre, de la forme, &c. de leurs parties; afin de pouvoir séparer ceux qui offrent entre eux des dissemblances, et réunir ceux qui sont liés par le plus grand nombre d'affinités.

Ce n'est point d'après ces principes qu'ont été dirigés les travaux des savans qui se sont occupés presque exclusivement, depuis un siècle et demi, de l'établissement de méthodes nouvelles. La facilité plus ou moins grande que présentaient les distributions arbitraires, pour classer et pour nommer les plantes, a séduit non-seulement leurs auteurs, mais encore ceux qui, voulant étudier la botanique à leur école, ont confondu le but réel de la science avec son but apparent. Cependant, lorsque l'on compare l'instabilité et les écarts perpétuels des distributions systématiques, avec la marche constante, simple et uniforme de la nature, alors tout esprit judicieux est porté à abandonner ces routes où le génie de l'homme a pu répandre quelques traits de lumière, mais où l'on doit nécessairement s'égarer, parce qu'on n'y est conduit que par des principes incertains.

Quoique plusieurs philosophes pensent que les diverses productions de la nature sont unies entre elles par des nuances imperceptibles, et qu'on peut descendre, par des degrés presque insensibles, de l'être le plus parfait jusqu'à la matière la plus informe, de l'animal le mieux organisé jusqu'au minéral le plus brut, il est néanmoins certain que ces productions présentent, dans leur structure, des différences très-marquées qui doivent servir à les séparer dans l'étude. Les unes sont formées de parties intégrantes, dont la structure n'offre aucune apparence d'organisation; les autres naissent, se reproduisent, et la durée de leur vie dépend de la durée de leurs organes. Nous trouvons dans chacune de ces deux grandes distributions, de nouvelles divisions qui sont également tranchées, et qui sont elles-mêmes susceptibles de subdivisions ; de sorte que, pour connaître la marche de la nature, il paraît suffisant de réunir les séries qui ont entre elles de l'affinité, et d'établir ensuite de nouveaux rapprochemens conformes aux modèles frappans que nous fournissent ces séries.

La botanique, qui offre des objets d'utilité aussi nombreux que variés, ne doit pas être uniquement considérée comme une science qui apprend à nommer les végétaux. Sans doute il est agréable de pouvoir désigner chacun d'eux par le nom qui lui est propre ; mais la connaissance des organes dont chaque plante est composée, et sur-tout la considération des rapports que les organes établissent, doivent être regardées comme le but principal qu'il faut se proposer dans l'étude de la botanique. Je suppose qu'on présente une espèce nouvelle à deux botanistes, dont l'un n'est dirigé que par des principes arbitraires, tandis que l'autre envisage dans les végétaux l'étude des rapports : le premier, se bornant à un petit nombre de caractères, reconnaîtra sans peine la classe et l'ordre qui conviennent à la plante dans le système qu'il adopte, et il pourra même déterminer le genre auquel il faut la rapporter ; mais comme la plante peut fort bien convenir par le nombre des étamines et des styles, par la structure de la corolle, du fruit, &c., et différer par d'autres considérations plus importantes, ordinairement négligées dans l'énumération des caractères génériques, telles que l'insertion de la corolle et des étamines, l'attache des semences, la présence ou l'absence du périsperme, la structure de l'embryon, la situation de la radicule, &c., il s'ensuivra que la plante aura été classée, que l'ordre et le genre auxquels elle appartient auront été déterminés, et que néanmoins la plante ne sera pas connue dans toutes ses parties. Le botaniste, au contraire, attaché à la considération des rapports naturels, observera tous les organes de la plante, ainsi que les différentes considérations que ces organes présentent ; il calculera la valeur de ces caractères, comparera leurs degrés d'affinité, et déterminera avec sûreté la place que l'espèce nouvelle doit occuper dans la série des êtres : semblable au géographe habile, qui ne se borne pas à lever le plan d'un pays nouvellement découvert, mais qui détermine avec précision les degrés de longitude et de latitude, pour mieux fixer ses rapports avec les pays déjà connus.

Il est facile, en parcourant les fastes de la botanique, d'assigner l'époque où le but réel de la science a été confondu avec son but apparent. Les anciens, qui ne connaissaient qu'un petit nombre de plantes, et qui se bornaient, en les étudiant, à la recherche de leurs vertus et de leurs propriétés, suivaient la méthode qui leur paraissait la plus propre à atteindre le but qu'ils se proposaient. C'est ainsi que *Théophraste, Dioscoride,* et tous les auteurs qui ont paru jusqu'à la renaissance des lettres, ont distribué les plantes d'après leurs qualités et leur grandeur. Sans doute ils s'éloignaient de la route que la nature semble nous avoir tracée pour nous conduire à la connaissance de ses productions ; mais ne peut-on pas avancer qu'ils s'efforçaient de la suivre à la lueur d'une faible lumière ! Ne devait-on pas même regarder comme une découverte importante, dans ces temps où l'on n'étudiait point les organes des végétaux, et où l'on n'avait aucune idée des caractères que ces organes peuvent fournir, la division des plantes en céréales, potagères, vineuses, &c., et la distinction des végétaux nuisibles et salutaires ! D'ailleurs, comme les différences des vertus des plantes dépendent des différences qui existent dans leur organisation, les anciens rapprochaient, sans le savoir, et autant qu'il était en eux, les espèces conformes par le plus grand nombre de caractères. A l'égard de la division des plantes en herbes et en arbres, qui oserait reprocher aux anciens de s'y être attachés ? Ne devait-il pas paraître tout naturel à des hommes qui n'avaient aucune idée de genres, d'admettre une coupe que la nature semblait avoir établie, en revêtant de fibres ligneuses et solides certain nombre de plantes dont la durée de la vie s'étend souvent au-delà d'un siècle, tandis que d'autres, n'ayant qu'une texture lâche et une consistance peu solide, survivent à peine à la durée de quelques mois ou de quelques jours ! N'est-il pas même probable qu'on crut, à cette époque, avoir fait un grand pas vers la perfection de la science, et que les contemporains, loin de soupçonner que cette manière d'envisager les productions de la nature introduisait une grande confusion, durent accueillir une opinion qui, quelque erronée qu'elle fût, a été néanmoins soutenue par les *Césalpin*, les *Ray*, les *Morison*, les *Tournefort*, les *Rivin*, &c. ! C'est ainsi que, dans différentes sciences, l'on a vu des hypothèses ingénieuses, des rêveries sublimes adoptées d'abord avec enthousiasme, ensuite rejetées et abandonnées pour jamais.

A mesure que le domaine de la botanique s'est agrandi, ceux qui cultivaient cette science ont senti la nécessité de chercher dans les plantes, des signes qui pussent servir à les distinguer les unes d'avec les autres. En conséquence ils ont imaginé des méthodes dont le but principal était de faciliter la connaissance du nom de la plante que l'on cherchait. Mais malgré l'avantage apparent que pouvaient présenter ces divisions arbitraires, des hommes d'un mérite supérieur, reconnaissant combien elles étaient défectueuses, se sont élevés contre l'erreur de principe qui leur était commune à toutes, et qui consistait à vouloir juger d'un ensemble et de la combinaison de ses parties, par la comparaison des différences d'un seul organe; et ils n'ont cessé de réclamer en faveur des rapports naturels.

Parmi les auteurs qui se sont proposé, dans leurs travaux, de suivre la marche de la nature, nous pouvons, en remontant au siècle où l'on s'est appliqué sérieusement à l'étude des végétaux, en distinguer plusieurs dont les noms seront à jamais célèbres dans les fastes de la science.

Césalpin, professeur de botanique à Pise, distribua les huit cent quarante plantes qu'il décrivit, en quinze classes, fondées sur la considération de la durée de ces plantes, sur la situation de la radicule dans la graine, sur le nombre des fruits, des loges et des semences, sur les racines, sur l'absence des fleurs et des fruits. Cette méthode aurait présenté un plus grand nombre de séries naturelles, si l'auteur, mettant à profit l'idée de *Gesner*, qui le premier avait démontré l'importance des organes de la fructification, eût su apprécier la valeur des caractères, et préférer, dans l'établissement de ses premières divisions, ceux qui sont fournis par la structure du fruit et de la semence, à ceux qui résultent de la distribution des plantes en herbes et en arbres. Cependant on ne peut douter que la recherche des rapports naturels n'ait été le principal objet des travaux de *Césalpin*, puisqu'il dit expressément, dans sa préface, que la véritable science est celle qui, réunissant les êtres conformes, sépare ceux qui diffèrent par leur structure et par leurs organes (1), et que la marche tracée par la nature

---

(1) Cum igitur scientia omnis in similium collectione et dissimilium distinctione consistat.. ; conatus sum id præstare in universâ plantarum historiâ.

est la plus sûre, la plus utile et la plus facile (1).

L'ouvrage que *Guillaume Lauremberg* publia à Rostoch (2), sous le nom de *Botanotheca*, prouve combien ce botaniste était pénétré de l'importance des rapports naturels. Cet ouvrage est divisé en douze livres, qui contiennent trente-huit sections, dont plusieurs renferment des plantes liées entre elles par une grande affinité : telles sont les liliacées, les narcissoïdes, les iridées et les orchidées, que l'auteur désigne par le nom de plantes bulbeuses (3); les labiées et les ombellifères (4); les borraginées, les rubiacées et les solanées (5); les légumineuses et les cucurbitacées (6); les fromentacées (7); les saxatiles ou fougères (8); les mousses et les plantes lichéneuses (9); les champignons (10); les conifères (11). On trouve, à-la-vérité, dans quelques-unes de ces séries, des plantes absolument disparates, comme le *polygonum fagopyrum* dans les fromentacées, l'*equisetum* dans les rubiacées, &c.; mais comment *Lauremberg*, qui vivait dans un siècle où la valeur des caractères n'était pas encore déterminée avec assez de précision, aurait-il pu éviter des imperfections qui se sont même glissées dans les écrits de quelques auteurs plus modernes ?

---

(1) Qui autem ordo secundùm naturarum societatem assignatur, omnium facillimus reperitur, tutissimus utilissimusque, tùm ad memoriam, tùm ad facultates contemplandas.

(2) 1626, *in-12*.

(3) L. 1, §. 1.

(4) L. 2, §. 3 et 4.

(5) L. 3, §. 5, 6 et 7.

(6) L. 4, §. 1 et 2.

(7) L. 6, §. 1.

(8) L. 8, §. 4.

(9) L. 9, §. 2.

(10) L. 10.

(11) L. 12, §. 3.

Si nous passons à *Morison*, nous verrons que ce célèbre botaniste anglais s'est proposé de suivre la marche de la nature, dans l'ouvrage intitulé *Historia universalis plantarum*, &c. (1). On peut juger du fondement de notre assertion, soit par le titre même de l'ouvrage (2), soit par les principes énoncés dans la préface. « Nous ferons tous nos efforts, dit l'au- » teur, pour disposer les sections ou familles de » manière qu'elles présentent, dans un corps com- » plet de botanique, la marche tracée par la na- » ture...... La nouvelle doctrine que nous pro- » posons est fondée sur les caractères essentiels » auxquels la nature semble donner la préférence, » et que nous avons observés les premiers. » Nous devons néanmoins convenir que les promesses de *Morison* n'ont pas été entièrement remplies, puisque plusieurs de ses familles ne présentent point cette réunion de plantes conformes par les caractères les plus importans, qu'il avait annoncée. Mais il ne s'agit point ici de juger l'auteur par le succès de l'exécution : l'intention bien prononcée qu'il a eue de disposer les végétaux selon l'ordre de leurs rapports, ne suffit-elle pas pour le faire regarder comme un partisan zélé de la méthode naturelle !

Ray, compatriote de *Morison*, paraît également ne s'être proposé d'autre but que la recherche et l'établissement des rapports naturels. « Ce savant » modeste, dit *Halles* (3), privé des ressources » qu'offre la propriété ou la direction d'un jardin » de botanique, traça d'une main timide la dispo- » sition des plantes (4). » On trouve néanmoins

(1) Oxonii, 1715, 2 vol. in-fol.

(2) *Herbarum distributio nova, per tabulas cognationis et affinitatis, ex libro naturæ observata et detecta.*

(3) *Bibl. bot.* vol. 1, pag. 502 et 503.

(4) *Methodus plantarum nova, synoptica, in tabulis exhibita.* Londini, 1682, in-8.°

dans sa méthode un grand nombre de classes naturelles, telles que les champignons, les mousses, les fougères ; les composées, qu'il divisa en planipétales, discoïdes, radiées et capitées ; les ombelles, les verticillées, les borraginées, les étoilées, les multisiliqueuses, les crucifères, les papilionacées, les graminées, les liliacées, les orchidées, &c. Il est cependant quelques classes, telles que les pentapétales, les monospermes et les anomales, qui ne sont pas parfaitement naturelles. Parvenu à l'âge de soixante-dix ans, *Ray* donna une nouvelle édition de sa méthode (1). On voit, dans la préface, avec quelle ardeur il cherchait les rapports naturels, et combien il était convaincu que les distributions systématiques nuisaient aux progrès de la science : aussi s'éleva-t-il avec courage contre *Hermann*, *Tournefort*, *Rivin*, &c., en démontrant qu'aucune partie des plantes, quelle que fût son importance, ne devait jamais être considérée à l'exclusion des autres, et regardée comme propre à fournir seule des raisons de séparation et de rapprochement dans l'établissement d'une méthode. « Le botaniste, dit-il, ne doit avoir d'autre vue, » dans ses travaux, que de réunir les plantes qui » ont de l'affinité, et de séparer celles qui sont » disparates. »

L'époque où *Ray* florissait est remarquable par le nombre des hommes de génie qui cultivèrent la science des végétaux. La plupart d'entre eux étaient convaincus de l'importance des rapports naturels ; mais comme ils voulaient rendre l'étude de la botanique plus facile, ils imaginèrent, chacun de son côté, différentes méthodes dans lesquelles, en s'efforçant de conserver dans toute leur intégrité les

---

(1) *Methodus plantarum emendata et aucta.* Leydæ, 1703, in-8.°

groupes évidemment assortis par la nature, ils introduisirent beaucoup d'arbitraire, soit en admettant la distinction des plantes en herbes et en arbres, soit en choisissant, pour fondement de leurs distributions systématiques, un seul organe qui, par ses différentes considérations, pût embrasser la généralité des plantes connues. Parmi ces différentes méthodes, celle de *Tournefort* mérite d'être distinguée. A la vérité, l'organe auquel ce botaniste français donna la préférence, n'est pas un des plus importans parmi ceux de la fructification; mais il leur est essentiellement lié, et, si je puis m'exprimer ainsi, il est l'indicateur du point d'insertion des étamines. *Tournefort*, comme l'a observé *Jussieu* (1), s'attacha, sans y penser, à un caractère de seconde valeur. Il n'est donc pas étonnant que sa méthode présente un plus grand nombre de séries naturelles que celles des botanistes qui, ayant choisi un organe plus essentiel que celui de la corolle, se sont arrêtés aux considérations les moins importantes de cet organe, ou à des caractères de troisième valeur.

Il semble que les botanistes qui ont vécu du temps de *Tournefort* aient été convaincus que la science de la botanique consistait à chercher une méthode générale, puisque la plupart de ses contemporains, et un grand nombre de ceux qui l'ont suivi, tels que *Hermann*, *Rivin*, *Boerhaave*, *Knaut*, *Ruppius*, *Pontedera*, *Ludwig*, *Siegesbeck*, &c., s'en sont occupés avec des peines et des travaux infinis. Mais comme ces auteurs s'éloignaient de la marche de la nature, leurs efforts n'ont pu aboutir qu'à donner des méthodes défectueuses, qui ont été successivement détruites les unes par les autres, et

---

(1) Juss. *Proœm.* pag. 50.

ont subi le sort commun à tous les systèmes fondés sur des principes arbitraires.

On a lieu de s'étonner que des hommes de génie, tels que les auteurs que nous avons cités, se soient écartés, dans l'étude des végétaux, de la marche qui seule peut conduire à la connaissance parfaite des plantes. Cependant, l'exemple de ces hommes célèbres ne fut pas généralement suivi. *Magnol*, dont le nom mériterait plus de célébrité, s'appliqua d'une manière spéciale à l'exposition d'une méthode naturelle, comme on peut le voir dans l'ouvrage qu'il publia en 1689 (1). Nous convenons que cette méthode, dans laquelle les vrais principes de la botanique sont exposés avec pureté, n'est pas toujours heureuse dans son exécution; et c'est probablement la raison qui la fit tomber dans l'oubli presque au moment où elle vit le jour. Il est néanmoins étonnant que les botanistes n'aient pas été frappés des vues grandes et sublimes qu'elle présentait, et que *Linnæus* l'ait entièrement passée sous silence dans son ouvrage intitulé *Classes plantarum.* Choisissons quelques traits épars dans le discours préliminaire, afin de mettre le lecteur en état d'apprécier le célèbre botaniste de Montpellier. « L'examen attentif que j'ai fait, dit *Magnol*, des » différentes méthodes les plus accréditées, m'a » convaincu que les unes, comme celle de *Morison*, étaient insuffisantes et très-défectueuses, et » que les autres, telles que celle de *Ray*, étaient » trop difficiles. Réfléchissant sur les moyens que » je pouvais employer pour éviter de semblables » écueils, j'ai cru apercevoir dans les plantes une » affinité, suivant les degrés de laquelle on pourrait

---

(1) *Prodromus hist. gen. plant. in quo familiæ plantarum per tabulas disponuntur.* Monspel. in-8.°

» les ranger en diverses familles, comme on range
» les animaux. Cette relation entre les animaux et
» les végétaux m'a donné occasion de réduire les
» plantes en familles ; et comme il m'a paru impos-
» sible de tirer les caractères de ces familles, de la
» seule fructification, j'ai choisi les parties des
» plantes où se rencontrent les principales notes
» caractéristiques, telles que les racines, les tiges,
» les fleurs et les graines. Il y a même dans nombre
» de plantes une certaine similitude, une affinité
» qui ne consiste pas dans les parties considérées
» séparément, mais en total ; affinité sensible, qui
» ne peut s'exprimer, comme on voit dans les
» familles des aigremoines et des quinte-feuilles, que
» tout botaniste jugera avoir entre elles les plus
» grands rapports, quoiqu'elles diffèrent néanmoins
» par les racines, les feuilles, les fleurs et les graines.
» Je ne doute pas que les caractères des familles
» ne puissent être tirés aussi des premières feuilles
» du germe au sortir de la graine. »

Cinq ans après la mort de *Magnol*, ou en 1720, il parut un ouvrage de ce célèbre botaniste, sous le titre de *Character plantarum novus* (1). L'auteur, séduit sans doute par l'accueil que le public faisait aux méthodes systématiques, abandonna les principes qu'il avait exposés dans son premier ouvrage, et il établit une nouvelle méthode, fondée sur le calyce et sur le péricarpe. « Il paraît extraordinaire,
» dit *Adanson* (2), que *Magnol*, qui avait imaginé
» sa méthode raisonnable des familles de plantes,
» ait composé, trente-un ans après, celle-ci, qui lui
» est si inférieure, et où il semble même vouloir
» éviter les classes naturelles en cherchant un calyce

---

(1) Monspel. 1720, in-4.°
(2) *Fam. des plantes*, pag. xxxij.

» par-tout, et prenant pour lui, lorsqu'il manque, » l'enveloppe des graines. Quelque déférence que » j'aie, ajoute le même auteur, pour le jugement » de M. *Linnæus*, qui regarde cette méthode » comme une des plus parfaites, je ne pense pas » qu'elle mérite les éloges qu'il lui donne, sur-tout » en qualifiant ses classes du nom de classes natu- » relles. »

Parmi les auteurs qui s'adonnaient à l'étude des plantes sur la fin du siècle dernier, nous devons distinguer *Burckard*, à qui toutes les sciences physiques étaient également familières, mais dont les travaux ont été plus spécialement dirigés vers la médecine. Ce savant, quoique très-instruit en botanique, a néanmoins fort peu écrit sur cette science. Nous ne connaissons de lui qu'une simple lettre écrite à *Leibnitz*, en 1702 (1), mais qui contient plus de faits qu'un grand nombre d'ouvrages publiés dans le même temps. Je laisse à d'autres le soin de prouver que la découverte du sexe des plantes, et le système fondé sur cette découverte, sont clairement exposés dans la lettre de *Burckard;* je me bornerai à citer quelques traits qui prouvent combien son auteur était attaché à la méthode naturelle. « Celui, dit-il, qui veut pénétrer dans le » sanctuaire de la science, doit faire choix d'une » méthode, pour ne pas être accablé par la mul- » titude des objets qu'il veut connaître. Mais cette

(1) *Epistola ad Leibnitium, quâ characterem plantarum naturalem nec à radicibus, &c. peti posse ostendit, simulque in comparationem plantarum quam partes earum genitales suppeditant, paucis inquirit autor Jo. Henr. Burckard, curâ Heisteri*, in-8.° Helmstadii, 1750. — *Leibnitz* a donné un extrait de cette lettre. *Voy.* vol. 2, part. 2, pag. 173, édit. de Genève, 6 vol. in-4.°, 1768.

» méthode

» méthode n'est pas celle qui est fondée sur des » principes arbitraires, quelque ingénieux qu'ils » puissent être ; c'est la disposition tracée par la » nature, qui réunit tous les êtres conformes, et » qui sépare ceux qui n'ont aucune affinité. A la » vérité, le nombre des plantes est immense ; mais » si nous faisons attention que l'auteur de l'univers » les a réunies par familles qui se lient les unes » aux autres, nous sentirons alors l'importance » de l'ordre naturel. Un des grands avantages qu'il » présente, c'est de nous conduire sûrement à la » connaissance des vertus des plantes, puisque » celles qui se rapprochent par leurs caractères, » sont le plus souvent conformes par leurs pro- » priétés. »

Quoique l'application que l'on portait à la recherche d'une méthode générale fût contraire aux principes de la botanique, il faut néanmoins convenir que les travaux des botanistes qui s'en occupaient, ont contribué beaucoup à accélérer les progrès de la science. En effet, les organes des plantes furent étudiés avec plus de soin ; on s'appliqua davantage à connaître leurs véritables fonctions ; l'instabilité que l'on observa dans certains caractères, tandis que d'autres ne variaient que très-rarement, prouva qu'ils n'avaient pas tous la même valeur ; et il fut démontré que les caractères fournis par les organes de la fructification étaient en général les plus constans.

Ce fut dans ces circonstances que parut *Linnæus*. Nous ne parlerons pas des travaux importans de cet homme de génie ; nous les exposons en présentant le sommaire de sa vie dans le premier volume de cet ouvrage. Nous observerons seulement qu'après avoir confirmé, par un grand nombre d'observations et d'expériences, que les étamines et les pistils étaient les véritables organes sexuels des plantes, il choisit quelques-unes des considérations que fournissent ces organes, pour construire son système, qui est le plus ingénieux de tous ceux qui ont paru, et dont les divisions semblent propres à embrasser l'universalité des plantes.

Ce système a eu ses partisans et ses critiques. Les uns ont dit, d'après *Royen* (1) :

Si quid habent veri vatis præsagia, Floræ
Structa super lapidem non ruet hæcce domus.

Les autres n'ont pas craint d'avancer, avec *Alston*, que le système sexuel était rempli de difficultés, et qu'il était le moins naturel de ceux qui ont été imaginés pour classer les plantes (2). Aujourd'hui que l'expérience nous met à même d'apprécier sa valeur, et que l'envie et l'adulation n'ont plus d'intérêt à se faire entendre, nous croyons pouvoir avancer, sans crainte d'être soupçonnés de partialité, que *Linnæus* a reconnu lui-même les inconvéniens que présentait le système sexuel : cet homme de génie ne s'est point laissé séduire par les illusions de l'amour-propre, et il a avancé avec franchise que ses principes l'avaient quelquefois forcé de s'écarter de la marche de la nature (3). Mais n'attachons pas à la méthode sexuelle plus d'importance que son auteur ne lui en donnait. Ceux qui ont lu ses ouvrages, doivent savoir qu'il ne considérait les méthodes artificielles que comme un acheminement à la méthode naturelle. En effet,

---

(1) *Flora Leydensis [Préface]*; Leydeæ, 1740, in-8.°

(2) Methodus plantarum sexualis, omnium quotquot sunt, est maximè involuta ac non naturalis. *Tirocinium Edimburgense*, *pag. 41*, Edimburgi, 1753, in-4.°

(3) Methodo meâ coactus, secundùm assumpta principia systematica, &c. *Adans. vol. 1*, *pag. 42*.

le célèbre naturaliste d'Upsal a été toute sa vie un défenseur zélé des rapports naturels, comme le prouvent, 1.° différens axiomes répandus dans ses ouvrages (1); 2.° l'éloge qu'il a fait des botanistes qui se sont appliqués à connaître la route tracée par la nature (2); 3.° les fragmens des ordres naturels qu'il nous a laissés, et à la perfection desquels il n'a cessé de travailler. « Je me suis occupé long-
» temps, dit-il, de la recherche de la méthode
» naturelle. J'ai beaucoup ajouté aux travaux de
» ceux qui m'ont précédé dans la carrière; mais je
» ne puis me flatter d'y avoir mis la dernière main.
» Je les continuerai pendant toute ma vie, et je
» ferai connaître mes découvertes. Celui qui pourra

---

(1) Methodus naturalis ultimus finis botanices est et erit. *Phil. bot. n.° 209, pag. 139.*

Methodi naturalis fragmenta studiosè quærenda sunt.

Primum et ultimum hoc in botanicis desideratum est.

Natura non facit saltus.

Plantæ omnes utrinque affinitatem monstrant, utì territorium in mappâ geographicâ. *Ibid. n.° 80, pag. 28.*

Artificiales classes succedaneæ sunt naturalium, usquedùm naturales omnes sint detectæ, quas plura genera nondùm detecta revelabunt. *Ibid. n.° 163, pag. 103.*

Defectus nondùm detectorum in causâ fuit, quòd methodus naturalis deficiat, quam plurimùm cognitio perficiet. *Ibid. n.° 80, pag. 37.*

Naturales dari classes ità creatas patet ex plurimis: umbellatis, verticillatis, siliquosis, leguminosis, compositis, graminibus, &c. *Ibid. n.° 163, pag. 103.*

Nulla hîc valet regula à priori, nec una vel altera pars fructificationis, sed solùm simplex symmetria omnium partium, quam notæ sæpè propriæ indicant. *Class. Pl. pag. 487.*

(2) *Allionius* naturalem methodum cum corollæ structurâ, præsentiâ ac absentiâ elegantissimè combinavit. *Phil. bot. n.° 71, pag. 26.*

Naturalem methodum in cotyledonibus, corollâ, calyce, sexu, aliisque, *Royenus* pulchrè, *Hallerius* eruditè, *Wachendorfius* græcè, quæsiverunt. *Ibid. n.° 72, pag. 26.*

» déterminer les différens ordres auxquels il faut » rapporter les plantes qui restent à classer, sera » pour les botanistes ce qu'*Apollon* était pour les » poètes (1). » Il est même remarquable que ce grand homme, après avoir démontré les plantes, dans ses leçons publiques, d'après le système sexuel, développait dans des entretiens particuliers, à ses disciples les plus distingués, les principes qui l'avaient dirigé dans l'établissement de ses ordres naturels, et leur frayait, par de savantes dissertations, la route qui conduit à la connaissance parfaite des productions végétales.

Quoique la plupart des contemporains de *Linnæus* eussent adopté le système sexuel, il est néanmoins un grand nombre de botanistes, tels que *Adrien Van-Royen*, *Guettard*, *Scopoli*, *Gerard*, *Jean Gmelin*, et sur-tout *Haller*, *Bernard de Jussieu* et *Adanson*, qui n'ont jamais voulu lui sacrifier l'importance des rapports naturels. « J'aurais » pu, dit l'auteur de l'*Historia stirpium indigenarum* » *Helvetiæ*, m'épargner un travail pénible, en » adoptant la méthode de *Linnæus*; mais je n'ai » pu me résoudre à placer dans différentes classes » les graminées, à séparer les plantes qui ont entre » elles la plus grande affinité, à raison de quel- » ques considérations fournies par les organes » sexuels, et à déchirer et mettre en pièces les » classes parfaitement naturelles. J'ai fait mes » efforts pour enrichir mon ouvrage du plus grand » nombre possible d'ordres naturels, et je crois

(1) Diù et ego circà methodum naturalem inveniendam laboravi, benè multa quæ adderem obtinui, perficere non potui, continuaturus dùm vixero; interìm quæ novi proponam : qui paucas quæ restant benè absolvet plantas, omnibus magnus erit Apollo. *Class. Pl. pag. 485.*

» que mon travail n'a pas été sans succès. Je » pense que la perfection d'une méthode consiste » à réunir les plantes semblables, et à séparer celles » qui sont disparates. Je persiste dans les principes » que j'ai toujours soutenus, savoir, qu'on bou- » leverse tout en botanique lorsqu'on sépare les » végétaux unis entre eux par un grand nombre » de rapports, parce qu'ils diffèrent dans un seul » caractère (1). »

Je crois qu'il est inutile de prouver que le célèbre botaniste qui disposa, dans le jardin de Trianon, les végétaux selon les différens degrés d'affinité qui les unissent, doit occuper le premier rang parmi ceux qui ont le plus insisté sur l'importance des ordres naturels.

L'auteur des *Familles des plantes* marcha sur les traces de *B. de Jussieu*, dont il était l'élève, et il publia, en 1763, un des plus savans ouvrages qui aient été écrits sur la botanique. « La vraie phy- » sique des plantes, dit *Adanson* (2), est celle qui » considère les rapports de toutes leurs parties et » qualités, sans en excepter une seule. Elle réunit » toutes les plantes en familles naturelles et inva- » riables, fondées sur tous les rapports possibles;

(1) *Linnæanam* potuissem sequi methodum, mihique multi laboris facere compendium; nunquàm tamen potui à me obtinere ut gramina divellerem, ut ex sexûs ratione simillimas plantas separarem, aliasve classes naturales lacerarem. Quæsivi ut quàmplurimos ordines naturales in opus meum referrem, et puto esse non paucos. In eo hactenùs perfectionem methodi pono, ut similes plantæ cum similibus ponantur, dissimiles separentur.... Quare priora mea cogitata in eo tueor, ut ob unicam aliquam notam plantas cæterà similes non divellam. *Præf. pag. xxxij.*

(2) Vol. 1.er, pag. 155 et 166.

» et elle facilite l'étude de la botanique, en présentant les connaissances sous des points de vue plus généraux, sans les borner.... La méthode naturelle n'est donc pas une chimère, comme le prétendent quelques auteurs, qui confondent sans doute avec elle la méthode parfaite ; et si elle exige la connaissance d'un plus grand nombre d'êtres que nous n'en possédons, elle n'exige pas, comme on le croit, la connaissance de tous. On ne réussira pas, tant qu'on cherchera à désunir les êtres, en ne considérant qu'une ou un petit nombre de parties ; mais elle ne sera pas chimérique, dès qu'on voudra les unir en saisissant dans toutes leurs parties tous les rapports possibles. Nous dirons plus, c'est que s'il existe des classes, des genres et des espèces, ce ne peut être que dans la méthode naturelle : elle seule peut les fixer, et par conséquent donner cette perfection que l'on cherche dans la botanique et l'histoire naturelle. »

Tel était l'état de la science, lorsque parut le *Genera plantarum secundùm ordines naturales disposita.* Tous les botanistes accueillirent avec transport cet ouvrage, éternel monument du génie de son auteur. Mais comment leur admiration est-elle restée, pour ainsi dire, stérile ? *Jussieu*, qui ne s'est point borné à établir des ordres naturels, mais qui a développé les principes sur lesquels il pense qu'une méthode naturelle doit être fondée, qui n'a pas dissimulé les obstacles qu'il avait rencontrés et les difficultés qu'il avoue ingénument n'avoir pas toujours vaincues, avait invité les botanistes à porter leur attention sur certains points qui tiennent au développement de la marche de la nature. Mais la plupart de ceux qui cultivent la botanique, ont été plus jaloux d'étendre ses limites en décrivant des espèces nouvelles, que de contribuer à sa perfection en cherchant la solution des problèmes qui leur étaient proposés (1). Je pourrais encore ajouter qu'un grand nombre, se bornant, soit dans leurs descriptions, soit dans leurs figures, à l'exposition de certains caractères, et négligeant ceux qui sont reconnus aujourd'hui comme les plus importans, n'ont fait qu'augmenter le nombre des genres ou des espèces, et n'ont point contribué à affermir la science sur des bases solides. Aussi peut-on avancer que ceux qui nous suivront dans la carrière de la botanique, regretteront de ne pas trouver, dans plusieurs ouvrages modernes, ces détails précieux qui donnent une connaissance intime de la nature du végétal.

Il résulte des détails dans lesquels nous sommes entrés, 1.° qu'il ne faut pas confondre le but apparent de la botanique avec son but réel ; 2.° que depuis l'époque où la botanique a été distinguée de la matière médicale, et regardée comme une science faisant partie de l'histoire naturelle, il a existé plusieurs célèbres botanistes qui se sont principalement occupés de la recherche des rapports naturels.

II. Pourquoi les anciens, qui se proposaient de suivre la marche de la nature, s'en sont-ils néanmoins si fort écartés ? Pourquoi la plupart des modernes, dont le but des travaux a été si clairement désigné par le titre de leurs ouvrages, ont-ils

---

(1) A laquelle des deux insertions, hypogyne ou périgyne, doit-on rapporter les plantes dont les étamines sont attachées dans le point où le support du pistil et la base du calyce contractent adhérence ? — Pourquoi certaines corolles monopétales ne sont-elles point staminifères ? — Pourquoi les plantes apétales et polypétales se trouvent-elles plus souvent réunies dans la périgynie des étamines que dans leur hypogynie ? &c.

néanmoins réuni dans une même famille, des plantes disparates ? Il est facile de répondre à ces deux questions, qui se rapprochent et qui semblent se confondre, en observant qu'une science ne peut s'élever à la perfection dont elle est susceptible, que par l'étude approfondie des principes qui doivent lui servir de base. Les anciens, qui ne connaissaient qu'un petit nombre des organes des végétaux, et qui n'envisageaient point toutes les considérations que ces organes peuvent fournir (1); les modernes qui, connaissant un plus grand nombre de parties dans les plantes, n'ont pas fait usage de tous les caractères que ces parties peuvent fournir, et n'ont pas déterminé les signes qui sont les plus importans, et auxquels, si je puis m'exprimer ainsi, la nature paraît avoir donné une préférence marquée, ont dû nécessairement, privés d'une règle sûre pour se conduire dans leurs travaux, introduire des objets dissemblables dans les séries qu'ils établissaient, et contrarier ainsi les vues de la nature.

Il est donc absolument nécessaire, pour ne point s'écarter de l'ordre naturel, de rechercher quels sont les organes des plantes qui, par leur universalité et par leurs plus importantes considérations, méritent d'être préférés dans l'établissement des familles naturelles.

Les organes des végétaux se divisent en organes conservateurs et en organes reproducteurs.

Les organes conservateurs, envisagés uniquement quant à leur extérieur, sont, du consentement unanime des botanistes, moins propres à fournir des

---

(1) Veteres, tempore Bauhinorum, arctè classibus naturalibus adhærebant; sed deficiebat character nondùm ritè detectis fructificationibus partibus. *Linn. Gen. plant. in-8.°, Holmiæ, 1764, pag. 6.*

caractères essentiels, que les organes reproducteurs (1). Ainsi, nous ne croyons pas devoir nous arrêter à la considération de ces premiers organes, quoique néanmoins l'observation démontre qu'ils ne doivent point être négligés, et qu'il est des circonstances où ils présentent des signes plus constans que certaines considérations fournies par les organes de la fructification : nous en trouvons une preuve frappante dans les labiées, les rubiacées, &c. dont les feuilles sont constamment opposées, tandis que le nombre des étamines est sujet à varier.

Les organes reproducteurs sont les étamines, le pistil, et le fruit, ou le péricarpe et la semence, auxquels on réunit le calyce et la corolle, en distinguant ces deux organes par le nom d'*accessoires*.

Nous allons examiner les diverses considérations qui résultent de tous ces organes dans un grand nombre de familles, et sur-tout dans celles qui sont reconnues comme étant parfaitement naturelles. Cette recherche nous conduira à la connaissance des caractères qui offrent le moins d'exceptions ou qui sont les plus constans, et qui doivent être préférés, soit dans les divisions générales, soit dans la construction des familles.

Calyce. Le calyce, qui est une prolongation de l'épiderme du péduncule, et dans lequel les trachées ne sont point aussi nombreuses et aussi faciles à apercevoir que dans l'enveloppe intérieure appelée *corolle*, présente quatre considérations qui résultent de sa présence ou de son absence, de sa situation par rapport à l'ovaire, de sa structure, et de la régularité ou de l'irrégularité de son limbe.

---

(1) Dispositio vegetabilium primaria à solâ fructificatione desumenda est. *Linn. Fundament. bot. n.° 164.*

1.° Le calyce, que la nature semble avoir destiné à protéger les organes sexuels, existe dans presque toutes les fleurs. Il en est néanmoins quelques-unes dans lesquelles on ne découvre aucune trace de cet organe. C'est ainsi que dans la famille des renonculacées, le *clematis*, le *thalictrum*, l'*hydrastis*, l'*anemone* et le *caltha* en sont dépourvus; dans la famille des guttifères, le *rheedia* en est privé; et dans les ordres appelés amentacés et conifères, plusieurs genres ont, à la place du calyce, une écaille qui paraît suppléer au défaut de cet organe.

2.° Le calyce étant un prolongement de l'écorce de la tige, et servant d'enveloppe aux parties essentielles de la fleur, commence toujours au support du pistil. Assez ordinairement la partie inférieure du calyce ne contracte aucune adhérence avec l'ovaire; quelquefois néanmoins elle est adnée à une portion de cet organe, ou même à l'organe entier, qu'elle recouvre alors entièrement. La situation du calyce par rapport à l'ovaire, est en général assez constante; et il n'existe qu'un très-petit nombre de familles, telles que les smilacées, les narcissoïdes, les hilospermes, les bicornes, les saxifragées, les ficoïdées, les mélastomées et les rosacées, où le calyce soit tantôt libre et tantôt adhérent.

3.° La structure du calyce présente un grand nombre d'exceptions. Cet organe est monophylle ou polyphylle dans les berbéridées, les tiliacées, les capparidées, les saponacées, les guttifères, les géranioïdes, &c.; il est simple ou double, nu, ou muni quelquefois de bractées, quelquefois d'un second calyce, dans les palmiers, les dipsacées, les caprifoliacées, les malvacées, les tulipifères, &c.; il est entier ou divisé dans les rubiacées, les araliacées, les ombellifères, &c. Les divisions de cet organe sont plus ou moins profondes dans les liliacées, les caryophyllées, les solanées, les méliacées, les malvacées; et elles varient en nombre dans les primulacées, les rhinanthoïdes, les succulentes, les rhamnoïdes, &c.

4.° La régularité ou l'irrégularité du limbe du calyce, n'est point un caractère constant dans les mêmes familles, comme on peut le voir dans les palmiers, les narcissoïdes, les iridées, les rhinanthoïdes, les labiées, les légumineuses, &c.

Ainsi, de toutes les considérations que présente le calyce, celles qui résultent de la présence ou de l'absence de cet organe, et de sa situation par rapport à l'ovaire, sont les moins sujettes à varier.

COROLLE. Quoique la corolle ne soit qu'un organe accessoire, elle a néanmoins, dans quelques circonstances, une si grande affinité avec les étamines, qu'elle semble partager leur immutabilité, et fournir comme elles un caractère de première valeur. La distinction de cette enveloppe d'avec celle qui est plus extérieure ou le calyce, nous paraît aujourd'hui démontrée d'une manière si précise, qu'il n'est plus à craindre que ces deux organes puissent être confondus. Nous ne parlerons ni de sa couleur, ni de sa proportion relativement au calyce et aux étamines, ni du nombre et de la nature des parties dont elle est quelquefois pourvue, comme les glandes, les sillons, les éperons, &c.; ces caractères peuvent être constans dans quelques genres, mais ils sont sujets à varier dans les ordres ou familles. Nous considérerons seulement sa présence ou son absence, son insertion, le nombre de ses parties, et leur régularité ou leur irrégularité.

1.° Il existe des familles de plantes entièrement apétales. Cette vérité ne saurait être contestée; elle est même le fondement d'une grande division établie parmi les végétaux. Ainsi, en considérant la présence ou l'absence de la corolle, nous nous proposons seulement d'examiner s'il est des familles composées de plantes dont les unes soient apétales, tandis que les autres sont pourvues de pétales.

La corolle existe dans la plupart des familles où elle est indiquée ; il est néanmoins des genres dans ces familles où elle manque quelquefois. C'est ainsi que les fleurs du *sloanea* en sont dépourvues dans les tiliacées ; celles de l'*ortegia*, du *mollugo*, du *minuartia*, du *queria* et du *pharnaceum*, dans les caryophyllées; celles du *chrysosplenium* et de l'*adoxa*, dans les saxifragées; celles du *scleranthus*, du *trianthema* et du *gisekia*, dans les portulacées; celles du *sesuvium*, de l'*aizoon* et du *tetragonia*, dans les ficoïdées; celles de l'*isnardia* et du *glaux*, dans les calycanthèmes; celles du *poterium*, du *sanguisorba*, du *cliffortia* et de l'*alchimilla*, dans les rosacées; celles du *ceratonia*, dans les légumineuses; celles du *terebinthus*, du *dodonæa* et du *juglans*, dans les térébinthacées. Nous pouvons encore ajouter qu'il est quelques genres, comme le *fraxinus*, le *cardamine*, le *lepidium*, l'*acer*, le *penthorum*, l'*ammania*, le *mimosa*, et le *rhamnus*, dont les espèces sont les unes apétales, et les autres pourvues de corolle. Mais les exceptions que nous venons de rapporter infirment-elles la valeur du caractère fourni par la présence de la corolle ? Il nous semble qu'on peut distinguer les plantes qui sont réellement apétales, de celles qui ne paraissent l'être que par avortement, et qui doivent être placées à côté des genres ou à côté des espèces dont elles se rapprochent par leur affinité. Si l'on compare la structure des fleurs des urticées, des chénopodées, &c., avec celles du *ceratonia*, du *juglans*, de l'*ortegia*, *&c.*, on sera convaincu qu'il existe entre ces fleurs une grande différence. Dans les premières, c'est-à-dire, dans les vraies apétales, on n'observe aucun rudiment de corolle; dans les autres, au contraire, on découvre presque toujours un disque qui entoure l'ovaire, et qui peut être considéré comme la base persistante de la corolle dont le limbe est avorté. Cette observation, que nous soumettons aux lumières des botanistes, ne pourrait-elle pas concourir à résoudre une question que *Jussieu* a proposée dans plusieurs endroits de son ouvrage, et notamment à la page 87 (1); savoir : Pourquoi les plantes apétales se trouvent plus communément dans les ordres polypétales à étamines périgynes, que dans ceux dont les étamines sont hypogynes ? Ne pourrait-on pas avancer que, dans le premier cas, la corolle, qui tire son origine du même point que le calyce, est plus disposée à contracter adhérence avec cet organe ? aussi paraît-elle le tapisser intérieurement dans le *tetragonia*, l'*aizoon*, l'*alchimilla*, l'*aphanes*, le *scleranthus*, l'*adoxa*, le *sesuvium* (2), &c., tandis que dans le second, naissant dans le point de séparation qui existe entre le calyce et l'ovaire, il ne se présente point d'obstacle pour arrêter son développement, et le défaut de végétation semble s'opposer seul à ce qu'elle parvienne au terme de sa croissance. Parmi les preuves que nous pourrions alléguer en faveur de cette opinion, nous nous bornerons à celle que présente le *minuartia*. Les espèces de ce genre sont pourvues d'une corolle, selon *Linnæus;* elles sont simplement munies d'un disque pétaliforme et creusé à son limbe, selon

---

(1) Cur in staminibus hypogynis multò rarior quàm in perigynis apetalarum ad polypetalas accessio ?

(2) Calyx *sesuvii* constare videtur è corollâ calyceque connatis. *Jacq. Amer. pag.* 155.

Loëfflius et *Cavanilles;* et elles sont entièrement apétales, selon *Murray* et *Jussiëu.* Mais n'est-il pas probable que les différences observées dans la fleur de cette plante, par les botanistes que nous venons de citer, dépendent de quelques circonstances qui influent sur la végétation, et qui favorisent ou qui arrêtent le développement de la corolle ? Ajoutons encore que, dans les plantes dont la corolle paraît si évidemment adnée à la surface intérieure du calyce, ce dernier organe est monophylle, et présente une grande disposition à l'adhérence ou à la réunion de deux enveloppes de la fleur.

2.° L'insertion de la corolle ne présente aucune exception. Cet organe est constamment hypogyne dans les labiées, les personées, les caryophyllées, &c.; périgyne dans les ébénacées, les rosacées, les légumineuses, &c.; épigyne dans les dipsacées, les composées, les ombellifères, &c. Il est cependant quelques familles où l'insertion de la corolle est équivoque, comme dans les bicornes, les saponacées, les malpighiacées, les hespéridées, les térébinthacées et plusieurs rhamnoïdes. Il est difficile de prononcer si le disque qui porte la corolle dans ces familles, tire son origine du support du pistil ou de la base du calyce. Peut-être serait-il avantageux d'établir, comme l'a déjà proposé *Jussieu,* de nouvelles classes auxquelles on rapporterait toutes les plantes dont l'insertion des étamines est douteuse.

3.° La corolle est presque toujours monopétale ou polypétale dans la même famille, comme on peut le voir dans les labiées, les personées, les composées, les renonculacées, les crucifères, les rosacées, &c.; elle présente cependant quelques exceptions, non-seulement dans certains ordres, tels que les jasminées, les rhodoracées, les bicornes, les caprifoliacées, les succulentes, les portulacées et les rhamnoïdes, mais encore dans quelques genres, tels que le *saponaria*, le *sempervivum*, le *mimosa*, le *trifolium*, &c. Ces exceptions n'infirment point la valeur du caractère fourni par la corolle, considérée comme monopétale ou polypétale; si l'on observe, selon la remarque de *Jussieu*, que les corolles polypétales ne deviennent monopétales que dans les genres dont les étamines, en nombre déterminé, sont alors soumises à la loi générale, changent de situation, et, de périgynes qu'elles étaient, deviennent le plus souvent épipétales. Ne pourrait-on pas encore ajouter que peut-être n'existe-t-il point de corolle réellement polypétale dans le plan de la nature ? En effet, toutes les corolles appelées monopétales et polypétales, ne paraissent différer entre elles que par la division plus ou moins profonde de leur limbe. Les unes sont entières ou simplement crénelées; les autres sont découpées ou divisées. On peut remarquer que, dans ces dernières, tantôt les divisions ou laciniures tombent toutes à-la-fois, tantôt elles se détachent l'une après l'autre et semblent ne point faire corps à leur base. Mais lorsqu'on réfléchit que la partie la plus inférieure de la corolle est portée sur un disque plus ou moins saillant et très-apparent dans la famille des caryophyllées, dont les pétales sont en général portés sur un onglet très-long, ne peut-on pas soupçonner que ce disque est réellement la base de la corolle, et qu'alors toutes les corolles sont d'une seule pièce, qui est divisée plus ou moins profondément ? Si cette opinion, qui n'est pas dénuée de preuves, était rigoureusement démontrée, on ne serait plus alors surpris de trouver, soit des plantes polypétales ou à corolle profondément divisée, parmi les plantes monopétales dont la corolle est seulement découpée, comme le *sarothra* dans la famille des gentianées; le *rhodora*, le *ledum*, l'*itea*, dans la famille des rhodoracées ; le *clethra*, le *pyrola*, dans la famille des bicornes; le *symplocos*, l'*hopea*, dans l'ordre des ébénacées ; le *loranthus*, le *viscum*, le *rhizophora*, le *cornus* et l'*hedera*, dans les caprifoliacées ; soit des corolles peu divisées parmi celles qui le sont profondément, comme l'*ilex*, le *cassine* et le *schrebera*, dans l'ordre des rhamnoïdes.

4.° De tous les caractères que présentent les différentes considérations de la corolle, un des moins constans est celui qui est fourni par la régularité ou l'irrégularité du limbe de cet organe. Il suffit, pour s'en convaincre, de parcourir les familles appelées primulacées, rhinanthoïdes, acanthoïdes, pyrénacées, personées, solanées, borraginées, bignonées, campanulacées, caprifoliacées, ombellifères, crucifères, légumineuses, &c. Nous pouvons encore ajouter que la corolle est souvent régulière ou irrégulière dans les espèces d'un même genre, comme dans les *scabiosa*, *valeriana*, *geranium*, &c., et que la corolle étant régulière, les pétales sont quelquefois irréguliers, comme dans plusieurs renonculacées.

On peut conclure des observations que nous venons d'exposer au sujet de la corolle, que parmi les considérations qu'elle présente, les unes, telles que la présence ou l'absence, l'insertion, la structure ou le nombre des parties, fournissent un caractère en général assez constant, tandis que la régularité et l'irrégularité du limbe de cet organe ne peuvent tout au plus être employées que dans la détermination des genres.

ÉTAMINES. Les étamines destinées à féconder le pistil et à vivifier les ovules renfermées dans l'ovaire, par le moyen de l'émission du pollen contenu dans les anthères, sont une partie essentielle de la fleur. Cet organe présente quatre considérations; savoir,

savoir, l'insertion, la connexion, le nombre, la proportion.

1.° L'insertion des étamines, dont *Bernard de Jussieu* a le premier senti l'importance, et dont ses élèves ont fait usage après lui, se trouve constante, non-seulement dans les genres et les familles, mais encore dans les grandes divisions appelées *classes*. Il faut cependant convenir qu'il est quelques familles où l'insertion des étamines est obscure et difficile à reconnaître : telles sont celles que nous avons déjà citées en parlant de l'insertion de la corolle. Mais dans ces cas, extrêmement rares, l'analogie doit éclairer le botaniste, et l'aider à déterminer quel est le véritable point d'attache des étamines. Les corolles monopétales, qui sont presque toutes staminifères, semblent présenter encore une nouvelle difficulté ; mais si l'on réfléchit que la corolle et les étamines tirent leur origine du même point, on reconnaîtra aisément que l'insertion des étamines est déterminée par celle de la corolle.

Il nous semble qu'il est facile, d'après l'opinion que nous avons émise touchant la structure de l'enveloppe colorée, de prononcer pourquoi les corolles appelées monopétales sont presque toujours staminifères, tandis que les corolles polypétales le sont si rarement. Ne peut-on pas présumer que, dans les premières, la base de la corolle étant plus prolongée, les filamens des étamines, qui tirent leur origine du même point que la corolle, s'identifient, pour ainsi dire, avec elle, et sont adnés à sa partie inférieure, comme paraissent le prouver les nervures plus ou moins saillantes que l'on découvre au-dessous des étamines dans les corolles monopétales; tandis que, dans les corolles appelées polypétales, dont la base est peu prononcée, les pétales s'écartant les unes des autres dès le point de leur origine, il n'est pas étonnant que les étamines soient distinctes de la corolle, et n'adhèrent point à cet organe!

2.° La connexion ou réunion des étamines est souvent constante dans les genres; mais elle varie infiniment dans les familles. En effet, les filamens sont tantôt distincts et tantôt réunis, dans les palmiers, les narcissoïdes, les iridées, les amaranthoïdes, les ébénacées, les guttifères, les hespéridées, les tiliacées, les légumineuses, les cucurbitacées, les conifères. La réunion des anthères varie également dans les campanulacées, les cucurbitacées, &c.; et quoiqu'elle se montre en général assez constante dans les composées, on trouve néanmoins quelques genres dont les anthères sont seulement rapprochées, tels que l'*encelia*, l'*eclypta*, quelques espèces d'*artemisia*; ou même tout-à-fait distinctes, comme l'*iva* et le *parthenium*.

3.° Nous n'insisterons pas sur la valeur du caractère qui résulte du nombre des étamines. Personne n'ignore que cette considération n'est absolument d'aucune importance.

4.° La proportion des étamines est assez constante dans les genres; mais elle varie dans plusieurs familles, telles que les rhinanthoïdes, les acanthoïdes, les pyrénacées, les solanées, les bignonées, &c.

Ainsi, de tous les caractères que fournissent les différentes considérations des étamines, celui qui résulte de leurs dispositions, relativement au pistil, exprimé par le mot *insertion*, est le seul qui soit constant.

PISTIL. Le pistil, qui est un organe aussi essentiel que les étamines, et qui concourt avec elles à la fécondation, est ordinairement composé de trois parties, savoir, de l'ovaire, du style et du stigmate.

1.° Parmi les différentes considérations que présente l'ovaire, ou cette partie inférieure du pistil dans laquelle sont contenus les rudimens des semences, il en est deux qui sont en général assez constantes. L'ovaire est libre dans les primulacées, les labiées, les personées, les crucifères, les caryophyllées, les légumineuses, &c., et adhérent dans les iridées, les éléagnoïdes, les campanulacées, les composées, les rubiacées, les ombellifères, les épilobiènes, les myrtoïdes, &c. Il est aussi constamment simple dans les graminées, les amaranthoïdes, les solanées, les convolvulacées, les bicornes, les hespéridées, les tiliacées, les rutacées, &c., et multiple dans les alismoïdes, les tulipifères, les glyptospermes, les ménispermoïdes, les succulentes, &c. Néanmoins il est quelques familles qui présentent des exceptions. C'est ainsi que l'ovaire est libre ou adhérent dans les smilacées, les ébénacées, les bicornes, les saxifragées, les ficoïdées, les mélastomées, les rosacées, &c., et simple ou multiple dans les palmiers, les apocynées, les renonculacées, les rosacées, les térébinthacées, les amentacées et les conifères.

2.° Les considérations les plus importantes du style, qui résultent de la présence ou de l'absence, et du nombre, ne fournissent point de caractère constant, comme on peut le voir, soit relativement à la présence ou à l'absence du style, dans les aroïdes, les liliacées, les polygonées, les chénopodées, les caprifoliacées, les renonculacées, les papavéracées, les crucifères, les capparidées, les guttifères, les sarmentacées, les tulipifères, les glyptospermes, les berbéridées, les tiliacées, les portulacées, les térébinthacées et les urticées; soit relativement au nombre des styles, dans les graminées, les palmiers, les asparagoïdes, les smilacées, les joncacées, les amaranthoïdes, les plombaginées, les apocynées, les rubiacées, les saponacées, les malvacées, les tiliacées, les caryophyllées, les portulacées, les rosacées, les térébinthacées, les rhamnoïdes, les tithymaloïdes, les cucurbitacées, les urticées; les amentacées et les conifères.

3.° Le stigmate est sujet à un si grand nombre de variations, qu'à peine peut-il fournir un caractère générique.

Il suit de ces observations sur le pistil, que, de tous les organes dont il est formé, l'ovaire est le seul dont les considérations présentent des caractères assez constans.

Fruit. Pour déterminer les considérations les plus importantes des organes reproducteurs, il ne reste plus qu'à examiner le fruit, ou l'ovaire fécondé et parvenu à sa maturité. Les botanistes distinguent dans le fruit, l'enveloppe qu'ils appellent *péricarpe*, et la semence qui est formée de l'embryon, presque toujours solitaire, et souvent accompagné d'un corps de nature différente, connu sous le nom de *périsperme* ou d'*albumen*.

Péricarpe. Le péricarpe peut être envisagé relativement à sa présence, à son absence, à sa consistance, et à sa structure intérieure.

1.° Avant de déterminer quel est le degré de valeur fourni par la présence ou l'absence du péricarpe, il faudrait auparavant démontrer qu'il existe réellement des plantes gymnospermes. Nous convenons qu'il est certaines familles, quoique en petit nombre, telles que les graminées, les labiées, &c., dans lesquelles les semences sont regardées comme nues par un grand nombre de botanistes. Mais peut-on dire que les plantes de ces familles soient dépourvues de péricarpe! cet organe n'est-il pas représenté, dans les graminées, par les valves calycinales qui renferment assez long-temps la graine;

et dans les labiées, soit par le calyce qui persiste, soit peut-être par une pellicule très-apparente dans plusieurs sauges, dans le *prasium*, &c., qui recouvre d'abord les semences, qui se dessèche, et qui disparaît ensuite, comme dans les verveines ! D'ailleurs, la nature a-t-elle posé des limites réelles entre les semences appelées recouvertes et les semences appelées nues ! ne trouve-t-on pas un grand nombre de fruits qui présentent entre eux des nuances graduées, et qui fournissent une transition insensible entre les péricarpes dont l'écorce est la plus épaisse, et les semences dont la tunique extérieure est la plus mince ! Aussi, plusieurs célèbres botanistes, tels que *Knaut* (1), *Ludwig* (2), *Vaillant* (3), *Gærtner* (4), &c., ont-ils avancé qu'on ne devait point admettre la distinction établie entre les semences nues et les semences recouvertes. Ces savans ont pensé que cette distinction n'était point fondée, et qu'elle était rejetée par la nature : néanmoins ils ont jugé à propos de la conserver dans leurs écrits, afin de se conformer à l'usage reçu.

2.° La consistance du péricarpe ne saurait fournir aucun caractère constant, puisqu'elle varie, non-seulement dans un grand nombre de familles, telles que les aroïdes, les typhoïdes, les smilacées, les narcissoïdes, les scitaminées, les asaroïdes, les éléagnoïdes, les daphnoïdes, les polygonées, les chénopodées, les nyctaginées, les primulacées, les solanées, les sébesténiers, les bignonées, les ébénacées, les bicornes, les campanulacées, les rubiacées, les caprifoliacées, les araliacées, les renonculacées,

(1) Voyez *Linnæus, Philos. bot.* pag. 22.

(2) *Inst. regn. veget.* pag. 45.

(3) *Act. Gall.* 1718.

(4) *Introductio generalis ad cognitionem partium fructificationis*, pag. 88.

les tulipifères, les glyptospermes, les berbéridées, les capparidées, les saponacées, les malpighiacées, les hypéricoïdes, les guttifères, les hespéridées, les méliacées, les malvacées, les tiliacées, les ficoïdées, les mélastomées, les épilobiènes, les myrtoïdes, les rosacées, les térébinthacées, les rhamnoïdes, les tithymaloïdes, les cucurbitacées, les urticées, les amentacées et les conifères, mais encore dans plusieurs genres, tels que les *chironia*, les *hypericum*, &c.

3.° La structure intérieure du péricarpe est assez généralement constante dans les apétales hermaphrodites, ainsi que dans les monopétales à corolle hypogyne; mais elle présente un grand nombre d'exceptions, non-seulement dans les monopétales à corolle périgyne et épigyne, dans les polypétales et apétales diclines, mais encore dans plusieurs genres, tels que les *campanula*, les *hypericum*, les *arbutus*, les *ruta*, plusieurs caryophyllées, &c.

Ainsi, de toutes les considérations que présente le péricarpe, la seule qui dans quelques circonstances puisse être employée avec succès, non-seulement pour distinguer les familles, mais encore pour régler la série dans laquelle les ordres doivent être disposés, est fournie par la structure du péricarpe. La huitième classe de la méthode de *Jussieu* fournit une preuve frappante de cette assertion : le nombre des loges est constant dans les ordres de cette classe, et les cloisons, ainsi que les placentas, ont une situation qui ne varie jamais.

PÉRISPERME. On trouve dans le plus grand nombre des semences, lorsqu'on a enlevé les deux tuniques dont elles sont ordinairement recouvertes, un organe que *Grew* a observé le premier, et auquel il a donné le nom d'*albumen* (1). Cet organe est

(1) *Anat. of plants*, pag. 202.

formé dans la maturité de la semence par la liqueur condensée de l'amnios, et il persiste sous une forme plus ou moins solide, jusqu'à ce que la semence ait été déposée dans le sein de la terre. C'est alors qu'excité par la vertu germinative, il se résout insensiblement en une espèce de liqueur ou de mucilage, afin de contribuer à la nourriture de la jeune plante. Cet organe n'est pas toujours apparent dans les semences, soit peut-être parce que la liqueur de l'amnios n'y était pas très-abondante, soit peut-être parce que cette liqueur a été entièrement pompée et absorbée par l'embryon. Il n'est donc pas étonnant qu'il existe des familles dans lesquelles on n'en découvre aucune trace, telles que les fluviales, les daphnoïdes, les protéoïdes, les laurinées, les acanthoïdes, les pyrénacées, les labiées, les borraginées, les bignonées, les composées, les crucifères, les saponacées, les malpighiacées, les hypéricoïdes, les guttifères, les hespéridées, les sarmentacées, les mélastomées, les calycanthèmes, les épilobiènes, les myrtoïdes, les cucurbitacées et les amentacées. Mais s'il est des plantes où les vestiges du périsperme ne sont plus apparens, il en est plusieurs où ils sont très-sensibles : par exemple, cet organe paraît suppléé, dans quelques sébestènées, capparidées, rosacées et légumineuses, par une lame charnue, plus ou moins épaisse, qui tapisse la membrane intérieure des semences; et dans la famille des malvacées, des convolvulacées, il existe par petites portions distinctes et situées entre les plis que forment les lobes de l'embryon, qui sont froncés et comme chiffonnés.

1.° Puisque la présence ou la disparition du périsperme semble tenir aux fonctions vitales de la plante, il suit que cet organe doit ou exister ou être nul dans les ordres parfaitement naturels. En effet, les semences sont pourvues d'un périsperme dans les graminées, les rubiacées, les ombellifères, &c., et elles en sont absolument privées dans les labiées, les composées, les crucifères, &c. A la vérité, il est quelques familles qui renferment des genres dont l'embryon est albuminacé ou exalbuminacé, telles que les joncacées, les éléagnoïdes, les jasminées, les méliacées, les rutacées, les térébinthacées et les urticées : mais ne peut-on pas douter de l'affinité des genres que renferment ces ordres, et soupçonner qu'ils doivent être rapportés à d'autres familles, ou les considérer comme les rudimens d'ordres nouveaux ?

2.° Si l'on peut élever quelques doutes sur la valeur du caractère fourni par la présence ou l'absence du périsperme dans certaines familles, il n'en est pas de même de celle qui résulte du caractère que l'on tire de la position de cet organe. En effet, la position du périsperme est constante dans tous les ordres où ce corps est apparent : ordinairement il entoure l'embryon ; quelquefois néanmoins il en est entouré, c'est-à-dire qu'il occupe le centre de la semence, comme on peut le voir dans les chénopodées, les amaranthoïdes, les nyctaginées, les plombaginées, les caryophyllées, les portulacées et les ficoïdées, dont l'embryon est courbé, ou annulaire, ou roulé en spirale.

3.° Les différentes considérations que fournit la nature du périsperme, sont en général constantes dans les familles ; et si l'on excepte les aroïdes, les typhoïdes et les cistoïdes, dans lesquelles elle varie, on trouve que cet organe est constamment farineux dans les cypéroïdes, les graminées, les polygonées, les chénopodées, les amaranthoïdes, les plombaginées, les caryophyllées, les portulacées et les ficoïdées; mucilagineux dans les convolvulacées;

amylacé dans les nyctaginées ; ligneux dans les araliacées et les ombellifères ; charnu ou cartilagineux dans les palmiers, les asparagoïdes, les smilacées, les joncacées, les liliacées, les narcissoïdes, les iridées, les orchidées, les asaroïdes, les plantaginées, les primulacées, les orobanchoïdes, les rhinanthoïdes, les lilacées, les personées, les solanées, les polémonacées, les gentianées, les apocynées, les hilospermes, les ébénacées, les rhodoracées, les bicornes, les campanulacées, les rubiacées, les caprifoliacées, les renonculacées, les tulipifères, les glyptospermes, les ménispermoïdes, les berbéridées, les papavéracées, les tiliacées, les succulentes, les saxifragées, les rhamnoïdes, les tithymaloïdes et les conifères.

EMBRYON. L'embryon (1), qui est l'abrégé du végétal, et qui concentre, pour ainsi dire, en lui seul tous les organes, mérite de fixer spécialement l'attention du naturaliste. Observons d'abord la position et la direction de cet organe essentiel ; et nous examinerons ensuite la valeur des différentes considérations que présentent les parties dont il est formé.

1.° Lorsque l'embryon est dépourvu du périsperme, sa situation est toujours la même ; c'est-à-dire que, renfermé seul dans les tégumens de la semence, ou, ce qui revient au même, constituant à lui seul la semence entière, il ne peut être considéré dans sa position, par rapport à aucune autre partie intérieure de la semence ; mais lorsqu'il est albuminacé, sa situation présente plusieurs différences. Il entoure le périsperme dans les chénopodées, les amaranthoïdes, les nyctaginées, les caryophyllées, les portulacées ; il est placé au centre de cet organe dans les aroïdes,

---

(1) Cor seminis, *Césalpin ;* corculum, *Jussieu ;* embryo, *Gærtner.*

les typhoïdes, les asparagoïdes, les joncacées, les iridées, les drymyrrhizées, les éléagnoïdes, les plantaginées, les primulacées, les rhinanthoïdes, les lilacées, les jasminées, les personées, les polémonacées, les apocynées, les hilospermes, les ébénacées, les rhodoracées, les bicornes, les campanulacées, les dipsacées, les rubiacées, les berbéridées, les papavéracées, les rutacées, les succulentes, les saxifragées, les rhamnoïdes, les tithymaloïdes et les conifères : il est excentrique dans les orobanchoïdes; adné au côté du périsperme, dans les graminées et les cypéroïdes; situé dans une cavité pratiquée au sommet du périsperme, dans les caprifoliacées, les araliacées, les ombellifères et les ménispermoïdes; et enfin il réside à la base de cet organe, dans les orchidées, les hydrocharidées, les asaroïdes et les tulipifères.

Ces différentes situations de l'embryon, considérées par rapport au périsperme, sont constantes dans les familles que nous avons énoncées; et elles ne présentent des exceptions que dans un petit nombre d'ordres, tels que les palmiers, les gentianées et les renonculacées.

2.° L'embryon, considéré quant à sa direction, est droit dans le plus grand nombre des familles, sur-tout dans celles dont les cotylédons sont épais, telles que les daphnoïdes, les protéoïdes, les laurinées, les acanthoïdes, les lilacées, les jasminées, les pyrénacées, les labiées, les borraginées, les polémonacées, les bignonées, les hilospermes, les ébénacées, les composées, les dipsacées, les rubiacées, les caprifoliacées, les berbéridées, les crucifères, les guttifères, les hespéridées, les sarmentacées, les rutacées, les calycanthèmes, les épilobiènes, les rosacées, les rhamnoïdes, les cucurbitacées et les amentacées. Il est courbé dans les plombaginées, les crucifères, les capparidées, les mélastomées, &c.; mais il est quelques familles où il est tantôt droit et tantôt courbé, comme dans les alismoïdes, les liliacées, les solanées, les méliacées, les tiliacées, les myrtoïdes et les urticées. Ainsi le caractère fourni par la direction de l'embryon, n'est pas aussi constant que celui qui résulte de sa position ou de sa situation.

Les parties qui constituent l'embryon, sont, la plumule, la radicule, et les lobes ou cotylédons.

PLUMULE. La plumule, qu'on peut considérer comme le premier bourgeon de la nouvelle plante, ne paraît point fournir de caractères constans. En effet, cet organe manque, selon *Gærtner* (1), non-seulement dans le plus grand nombre des plantes monocotylédones, mais encore dans plusieurs plantes dicotylédones. On peut encore ajouter, continue le même auteur, que souvent la plumule n'est point visible dans les semences dicotylédones où elle existe, et que, pour s'assurer de sa présence, il faut écarter les lobes qui la recouvrent.

RADICULE. La radicule, qui existe dans toutes les semences, et qu'il est toujours très-facile d'apercevoir, peut être considérée sous le rapport de sa direction et de sa situation.

1.° Considérée relativement à sa direction, elle est courbée sur les lobes dans les crucifères, les capparidées, les saponacées, les malpighiacées, les géranioïdes, les malvacées, les cistoïdes, les vraies

---

(1) Non modo in omnibus seminibus monocotyledonibus, si pauca forsan gramina excipias, constantissimè deficit; sed et in ipsis dicotyledonibus sæpissimè desideratur, vel saltèm intrà scapum penitùs abscondita est; ita ut nonnisi diductis cotyledonibus in conspectum venire queat. *Proœm. pag. 168.* — A la vérité la plumule ne devient sensible dans beaucoup de plantes qu'au moment de la germination; mais peut-on avancer qu'elle n'y existait pas?

légumineuses, les térébinthacées; et elle est droite dans tous les autres ordres connus.

2.° Considérée relativement à sa situation, elle est supérieure, c'est-à-dire que son extrémité inférieure est opposée au point d'attache de la semence, dans les daphnoïdes, les laurinées, les borraginées, les apocynées, les dipsacées, les caprifoliacées, les araliacées, les ombellifères, les tulipifères, les ménispermoïdes, les hespéridées, les tithymaloïdes et les amentacées. Elle est inférieure, c'est-à-dire que son extrémité inférieure est dirigée vers le point d'attache de la semence, dans les autres familles, à l'exception des éléagnoïdes, des lilacées, des jasminées, des sébesténiers, des gentianées, des ébénacées, des rhodoracées, des bicornes, des rubiacées, des renonculacées, des méliacées, des tiliacées, des rutacées, des épilobiènes, des myrtoïdes et des rosacées, où elle est tantôt supérieure et tantôt inférieure. D'où il suit que le caractère fourni par la situation de la radicule, n'est pas aussi constant que celui qui résulte de la direction de cet organe.

Lobes ou Cotyledons. Les lobes tirent leur origine de l'embryon, dont ils sont une partie intégrante. Leur forme est assez constante dans les familles naturelles. En général, ils sont elliptiques, ou à-peu-près hémisphériques dans les labiées et les borraginées; oblongs dans les composées; semi-cylindriques dans les personées, les solanées, les campanulacées, &c.; recourbés dans les saponacées; contournés dans les malpighiacées; plissés dans les convolvulacées, les géranioïdes, les malvacées, &c.

Quoique la forme des cotylédons soit ordinairement la même dans chaque famille, il paraît néanmoins que leur présence ou leur absence, et que leur nombre, fournissent un caractère beaucoup plus constant. En effet, il est des plantes où l'œil de l'observateur n'a découvert encore aucune apparence de lobes : telles sont les algues et les hépatiques, qui, au moment où elles sortent de la terre, ont une forme parfaitement semblable à celle de la plante qui les a produites (1). Dans quelques végétaux, comme dans les liliacées, les palmiers, les graminées, &c., on ne trouve qu'un seul lobe qui paraît formé par la simple extension du premier point médullaire, et qui ne paraît être autre chose, selon *Gærtner,* que la hampe de l'embryon, plus ou moins distincte de la radicule; mais dans le plus grand nombre des végétaux, l'embryon est formé de deux lobes séparés par une fente qui divise en deux parties égales la portion du *corculum* opposée à la radicule. Ces lobes ressemblent, dans le principe, à des tubercules; et il est plusieurs semences où ils conservent cette forme : il en est d'autres où ils s'amincissent en lames qui s'écartent insensiblement, nagent dans la liqueur de l'amnios, se rapprochent ensuite, et sont appliqués plus ou moins étroitement par leur face interne, à mesure que la semence approche de sa maturité.

Le caractère fourni par la présence ou l'absence et par le nombre des cotylédons, étant le plus constant de ceux qui résultent des différentes considérations de l'embryon, on ne doit pas être étonné que plusieurs botanistes attachés aux rapports naturels, tels que *Ray*, *Boerhaave*; *Heister*, *Magnol*, les *Jussieu*, &c., en aient fait usage dans l'établissement de leurs méthodes. Cependant *Gærtner* prétend que

(1) Planta autem acotyledonea dicitur, quæ absque prægresso veri follioli vestigio, statim fronde varia et matri suæ simillima è terrâ emicat, ut fungi, lichenes, confervæ, &c. *Gærtner, Introduct. pag. 154.*

la division des plantes en acotylédones, monocotylédones et dicotylédones, ne peut point établir de classes naturelles, et qu'elle présente même de grandes difficultés, puisqu'on ne peut s'assurer du nombre des cotylédons que par la germination, et qu'on courrait risque de se tromper en voulant déterminer leur nombre par la structure de la semence. C'est ainsi, dit-il, que la cuscute et le *melocactus*, dont la semence est monocotylédone, produisent des plantes qui ressemblent parfaitement aux dicotylédones; et que les semences du *nelumbium* et du *trapa*, qui sont dicotylédones, ne présentent néanmoins qu'un lobe dans la germination. L'autorité de *Gærtner* est certainement d'un grand poids; mais ne peut-on pas répondre à ce célèbre botaniste, que, d'après la définition qu'il donne d'une semence monocotylédone (1), il suit que la cuscute, le *melocactus*, le *nelumbium* et le *trapa* sont réellement dicotylédones! Peut-on dire, en effet, que l'embryon de ces plantes est parfaitement entier, et qu'il ne présente aucune apparence de division! D'ailleurs, les botanistes sont partagés de sentiment sur la structure de l'embryon dans ces plantes; et quand même l'objection de *Gærtner* serait fondée, on devrait seulement en conclure que, dans l'immense quantité des végétaux connus, il en est quatre dans lesquels il est difficile de prononcer, d'après l'inspection de la semence, si l'embryon est monocotylédone ou dicotylédone. Cette conséquence affaiblirait tant soit peu la valeur du caractère fourni par le nombre

---

(1) Monocotyledoneum semen est, quod embryonem integerrimum, nullâ perceptibili rimâ incisum, eumque vel penitùs liberum, vel certè suâ extremitate radiculæ oppositâ à reliquo nucleo solutum, intra se claudit. *Introduct. pag.* 154.

des lobes ; mais elle ne diminuerait point la supériorité qu'il doit obtenir sur toutes les considérations que présentent les organes les plus importans.

Quelques botanistes ont aussi prétendu qu'il existait des plantes polycotylédones : mais doit-on regarder comme des parties distinctes, celles qui appartiennent évidemment à un tout, et qui n'en sont que des divisions ? Si nous observons avec attention les embryons regardés comme polycotylédones, nous verrons que les deux lobes sont réellement divisés. Dans les uns, les divisions sont égales, comme dans quelques conifères ; dans les autres, elles sont inégales, comme dans le *theobroma*, dans le *lepidium sativum*, dans le *mangifera domestica*, dans le *citrus decumana*, &c., où il est évident, même d'après *Gærtner*, qui admet les plantes polycotylédones, que toutes ces petites bractées dont l'embryon est formé, n'adhèrent point entre elles, et doivent être regardées comme un effet de la surabondance de la nourriture (1). D'ailleurs, il semble que nous trouvons dans d'autres plantes une progression insensible entre les lobes entiers et les lobes multifides, puisqu'il est des embryons dont les lobes sont dentés sur leurs bords, comme dans le *tilia* ; bifides, comme dans les *brassica*, *vella*, *crambe*, *raphanus*, *ayenia*, *gyrocarpus*, &c. ; bipartites, comme dans le *dombeya borbonica* (Gærtn.) ; pinnatifides, comme dans le *geranium moschatum* ; enfin, il est des embryons, par exemple

(1) Denique etiam notandum, quòd vera semina dicotyledonea, quandoque mentiri queant polycotyledonea, cùm nempe nucleus, per abundantiam nutrimenti, in varios lobos irregulares, ut in *mangiferâ domesticâ*, aut in bracteolas parvas inter se non cohærentes, ut in *citro decumanâ*, partitur : sed hæc fabrica adeò apertè monstrosa est, ut vel leviter hisce in rebus versatum fallere non possit. *Introduct. pag.* 158.

celui du *juglans*, dont la surface extérieure des lobes est profondément sillonnée ou découpée en plusieurs petites portions. Ajoutons encore qu'en admettant même l'existence des plantes polycotylédones, on ne pourrait rien conclure contre le sentiment des botanistes, qui, dans leurs divisions des végétaux en monocotylédones et dicotylédones, ont voulu seulement exprimer deux modes différens de germination. En effet, dans les monocotylédones, le lobe engaine la radicule, et se rejette sur le côté; tandis que dans les dicotylédones, l'embryon est muni de lobes qui lui adhèrent dans des points opposés. Cette situation des lobes fait le principal caractère des plantes qui ne sont point monocotylédones; et quel que soit le nombre des lobes ou cotylédones, le mode de la germination est toujours le même, ainsi que l'organisation intérieure qui en est une suite.

Le nombre des cotylédons doit donc être regardé comme le caractère le plus constant que fournissent les organes les plus essentiels de la fructification. Ajoutons encore que ce caractère est intimement lié avec celui que pourrait fournir la structure intérieure de la tige, s'il était facile et commode aux botanistes de l'observer, et qu'il le représente en quelque sorte. En effet, il annonce dans les monocotylédones, selon la belle découverte de *Daubenton*, confirmée par *Desfontaines*, une disposition lâche des fibres, qui sont rapprochées par faisceaux; et dans les dicotylédones, une disposition serrée de ces mêmes fibres, qui se croisent en forme de réseau.

TABLEAU

TABLEAU de la valeur des caractères.

Le C.en *Ventenat*, après avoir recherché quels sont les organes des plantes qui, par leur universalité et leurs plus importantes considérations, méritent d'être préférés dans l'établissement des familles naturelles, a rapproché dans un tableau les conséquences qu'il a déduites de l'examen des différences que présentent les parties de la fructification, et il a représenté par des nombres la valeur des diverses considérations de chaque organe. Nous croyons devoir exposer ce tableau, qui peut également servir à apprécier le mérite des distributions arbitraires.

TABLEAU

De la valeur des caractères fournis par les différentes considérations que présentent les organes de la fructification.

Organe	Considération	Valeur
CALYCE	Présence ou absence	$\frac{9}{12}$
	Situation par rapport à l'ovaire	$\frac{10}{12}$
	Structure	$\frac{8}{12}$
	Régularité ou irrégularité du limbe	$\frac{6}{12}$
COROLLE	Présence ou absence	$\frac{10}{12}$
	Insertion	$\frac{11}{12}$
	Structure	$\frac{11}{12}$
	Régularité ou irrégularité du limbe	$\frac{6}{12}$
ÉTAMINES	Insertion	$\frac{11}{12}$
	Nombre, connexion et proportion	$\frac{7}{12}$
OVAIRE	Libre ou adhérent	$\frac{10}{12}$
	Simple ou multiple	$\frac{9}{12}$
STYLE	Présent ou nul	$\frac{6}{12}$
	Simple ou multiple	$\frac{6}{12}$

STIGMATE...	Toutes les considérations........	$\frac{6}{12}$
PÉRICARPE...	Présence ou absence...........	$\frac{9}{12}$
	Consistance..................	$\frac{6}{12}$
	Structure intérieure	$\frac{8}{12}$
PÉRISPERME..	Présence ou absence...........	$\frac{10}{12}$
	Position par rapport à l'embryon..	$\frac{9}{12}$
	Nature......................	$\frac{9}{12}$
EMBRYON....	Situation....................	$\frac{9}{12}$
	Direction....................	$\frac{8}{12}$
PLUMULE....	Toutes les considérations.......	$\frac{4}{12}$
RADICULE....	Direction....................	$\frac{10}{12}$
	Situation....................	$\frac{9}{12}$
COTYLEDONS.	Forme......................	$\frac{10}{12}$
	Nombre.....................	$\frac{12}{12}$

COTYLÉDONS ou LOBES.

PLANTES ACOTYLÉDONES, MONOCOTYLÉDONES, et DICOTYLÉDONES.

COTYLÉDONS ou LOBES.

LAMARCK. Encyclopédie : Dictionnaire de botanique, *tom. 2, pag. 138.*

On nomme ainsi les parties de la semence qui sont distinguées du germe ou rudiment de la plante qu'elles enveloppent, et qui, dans le plus grand nombre des végétaux, sont au nombre de deux.

Les lobes dont il est question sont deux corps charnus appliqués l'un sur l'autre, mais qui ne se tiennent réellement que par un point commun, placé tantôt latéralement, tantôt vers leur extrémité, et auquel aboutissent les vaisseaux qui portent la nourriture au germe, vaisseaux dont les ramifications nombreuses sont dispersées dans leur substance.

Ces corps, que l'on peut remarquer facilement dans la féve, le haricot, la semence de courge, &c. à cause de leur gros volume, se détachent aisément après que l'on a enlevé la tunique qui les enveloppe; ils sont ordinairement convexes à l'extérieur, aplatis du côté où ils se touchent, et un peu concaves vers le point où se fait leur réunion. La substance de ces corps est farineuse, mucilagineuse et fermentescible dans les graminées, les légumineuses, &c.; elle est comme cornée dans les rubiacées, les ombellifères, &c. Ces corps sont tellement nécessaires à la jeune plante pendant l'acte de la germination et dans les premiers temps qui la suivent, qu'on peut, en quelque sorte, les comparer aux mamelles des animaux, fournissant comme elles les premiers sucs nutritifs que reçoit la plante, et périssant communément bientôt, lorsqu'elle se trouve en état d'en tirer directement et suffisamment de la terre par le secours de ses racines. Tantôt ces lobes, après avoir servi aux premiers élémens du germe, restent dans la terre, où bientôt ils périssent; et tantôt, au contraire, ils sortent de la terre avec la plantule qu'ils accompagnent, et se changent alors en une sorte de feuilles qu'on nomme feuilles séminales (ou quelquefois *cotylédons*), et qui diffèrent presque toujours des autres feuilles de la plante. Ces feuilles séminales n'ont, comme les lobes de la semence, qu'un usage momentané: elles deviennent en effet inutiles à mesure que la plante s'élève; et cessant alors de recevoir les sucs nourriciers que la radicule transmet immédiatement à la petite tige, elles se dessèchent et périssent insensiblement.

Dans le plus grand nombre des plantes connues, les semences ont, comme nous l'avons dit, deux lobes ou *cotylédons* bien distincts : mais dans les liliacées, les graminées et les palmiers, on n'en observe qu'un seul ; et l'on croit que les mousses et les lichens en sont absolument privés.

Dictionnaire de botanique du C.en *Ventenat*, p. 103.

La présence ou l'absence des *cotylédons*, ainsi que leur nombre, établissent trois grandes divisions parmi les plantes. Les unes sont *acotylédones*, c'est-à-dire que l'embryon est dénué de lobes ; les autres sont *monocotylédones*, c'est-à-dire que l'embryon n'a qu'un lobe ; enfin le plus grand nombre sont *dicotylédones*, c'est-à-dire que l'embryon est muni de deux lobes.

On parvient, avec un peu d'habitude, à distinguer facilement les plantes acotylédones, monocotylédones et dicotylédones. Pour s'assurer à quelle division il faut rapporter une plante, il n'est pas plus nécessaire d'être témoin de sa germination, que de faire l'anatomie d'un quadrupède qu'on n'a jamais vu, pour s'assurer si son cœur est à deux oreillettes et à deux ventricules. En effet, dans les plantes acotylédones, les organes sexuels sont peu apparens, et difficiles à découvrir ; aussi ces plantes sont-elles nommées *cryptogames* (1). Les monocotylédones renferment un petit nombre de familles faciles à distinguer par leur port ; et les dicotylédones sont remarquables par une organisation plus parfaite.

Plantes ACOTYLÉDONES.

VENTENAT, préambule de la 1.re classe, tome II du *Tableau du règne végétal*.

Les plantes acotylédones sont celles dont l'embryon s'étend dans la germination, et ne se partage

(1) De deux mots grecs, κρυπτος caché, et γαμος noces.

point en cotylédons ou lobes séminaux. Cependant, quoique l'embryon soit simple ou indivisible, il ne se développe pas toujours de la même manière. Tantôt, après avoir poussé une faible racine, il s'élève insensiblement et s'accroît dans son pourtour; tantôt son premier accroissement est sous la forme de tige, dont la base pousse plusieurs radicules latérales.

OBSERVATION. Les plantes acotylédones doivent être regardées comme les productions organiques végétales les moins parfaites. Aucune d'elles ne présente cette richesse d'organisation que nous admirons dans les familles des autres classes. Si on considère leur substance, leur forme et leur structure interne, plusieurs d'entre elles ne paraissent pas avoir de grands rapports avec les végétaux, et il semble même qu'elles en diffèrent toutes essentiellement par la nature des organes qui contribuent à leur reproduction.

Plantes MONOCOTYLÉDONES.

Lorsque la graine d'une plante monocotylédone est déposée dans la terre, l'embryon, au moment de la germination, pousse d'un tubercule saillant sur le côté, la plumule qui s'élève, et la radicule qui s'enfonce dans la terre. Le cotylédon, faisant les fonctions de mamelles, fournit à la jeune plante des sucs élaborés et qui lui sont analogues, jusqu'à ce que la radicule ait acquis assez de force pour pomper ceux que la terre recèle, et pour les faire circuler dans la plumule qui s'élève insensiblement sous la forme de tige. C'est alors que le cotylédon, devenu inutile, se flétrit, et que la plantule abandonnée à ses propres forces, et pouvant se suffire à elle-même, se revêt de la forme qui lui est propre.

VENTENAT, préambule de la 2.e classe, tome II du *Tableau du règne végétal*.

Observation. Les plantes monocotylédones présentent dans leur port et dans leur texture, une consistance lâche, molle, peu solide. Comme on trouve des exemples frappans de cette assertion jusque dans les espèces qui sont ligneuses, il semble qu'on peut assigner pour caractères distinctifs des monocotylédones, 1.° l'embryon muni d'un seul lobe; 2.° la germination latérale; 3.° la consistance lâche, molle, peu solide des organes; 4.° les fibres rapprochées par faisceaux. On pourrait encore ajouter à ces caractères, que l'organisation est moins riche dans les plantes monocotylédones, que dans les dicotylédones, et que les nervures des feuilles sont presque toujours dans une direction parallèle et longitudinale.

Dans toutes les plantes monocotylédones, l'embryon n'a constamment qu'un seul lobe; mais la situation latérale de ce lobe, dans la germination de la semence, est susceptible de plusieurs différences. En effet, la tunique de la semence, qui enveloppe le cotylédon après la sortie ou l'émission de la plantule, et qui lui survit en contenant ses débris, est disposée de différentes manières. Tantôt cette tunique reste fixée sur le sommet de la première feuille, comme dans le dattier, dans la massette, &c.; tantôt elle pend de l'extrémité de ce même sommet qui est coudé, et qui se termine en un filament réfléchi, comme dans l'ail, l'asphodèle, l'hyacinthe, &c. Tantôt elle est appliquée contre la première gaine qui entoure la plantule; et alors, ou elle est terminale, comme dans l'*aletris,* dans l'*alstroëmeria;* ou elle est dorsale, sessile, comme dans l'*ixia,* dans le glaïeul, dans l'*aloës,* &c.; ou elle est dorsale, pendante et attachée par un fil, comme dans l'*anthericum,* &c.; ou elle est radicale, comme dans les graminées, dans les souchets. Chacun de ces développemens de la semence est immuable, et fournit des caractères essentiels.

Plantes DICOTYLÉDONES.

Les plantes dicotylédones se distinguent des monocotylédones, par le nombre et par la situation des parties, par un développement qui leur est propre, et par un certain *habitus* ou nature extérieure que l'œil saisit aisément, mais qu'il est difficile de décrire et de déterminer d'une manière précise. Au moment de la germination, l'embryon dont la radicule pénètre et plonge dans la terre, tandis que la plumule s'élève au-dessus de sa surface, pousse sur ses côtés, dans des points opposés, les deux lobes ou cotylédons qui lui sont adnés. Ces deux lobes se détachent insensiblement, et tombent lorsque la plante, devenue adulte, peut se suffire à elle-même en pompant, soit dans l'air, soit dans la terre, les sucs qui lui conviennent. Ces lobes sont constamment au nombre de deux, et presque toujours entiers : néanmoins dans le pin et dans quelques autres genres de la famille des conifères, ils sont découpés; aussi quelques auteurs ont-ils regardé ces plantes comme polycotylédones.

VENTENAT, préambule de la 5.e classe, tome II du *Tableau du règne végétal.*

Dans le plus grand nombre des végétaux dicotylédones, la plumule sort de terre accompagnée de deux lobes. A mesure qu'elle prend de la force, les deux lobes se développent, s'étendent, et se changent en feuilles primaires, toujours opposées, auxquelles on donne le nom de feuilles séminales. Dans quelques autres plantes, mais en plus petit nombre, telles que le *phaseolus*, le *dolichos*, &c., les lobes restent en terre, et on observe au-dessus, à quelque distance sur la tige, deux feuilles séminales opposées. Les lobes présentent des différences dans leur plicature, dans leur contexture et dans leur développement ; mais chaque conformation différente est généralement uniforme dans les genres qui ont entre eux de l'affinité , et elle l'est toujours dans les espèces congénères. *Juss.*

OBSERVATION. Quoique les lobes de l'embryon suffisent seuls pour établir un caractère tranché, une différence sensible entre les plantes monocotylédones et les plantes dicotylédones, il est néanmoins plusieurs autres considérations que nous croyons utile d'exposer et de rapprocher, pour faciliter la distinction des végétaux qui appartiennent à ces deux divisions.

Les racines des plantes monocotylédones sont bulbeuses, tubéreuses ou fibreuses; celles des dicotylédones sont constamment tubéreuses ou fibreuses, jamais bulbeuses.

La texture ou la composition interne du végétal présente de grandes différences entre les plantes monocotylédones et dicotylédones, comme l'ont observé *Daubenton* et *Desfontaines.* Dans les premières, même dans celles qui sont les plus frutescentes, comme les palmiers, &c., les tiges, toujours d'une consistance peu solide, ont, en sortant de terre, toute la grosseur à laquelle l'individu doit parvenir; les fibres dont elles sont formées, placées irrégulièrement les unes à côté des autres, disposées par faisceaux (1), plus compactes à la circonférence que vers le centre, sont enveloppées par la moelle, qui en remplit tous les intervalles. Dans les secondes, au contraire, les tiges ont le plus souvent une consistance ferme, solide ; et lorsqu'elles sont frutescentes, l'accroissement se fait en grosseur par l'addition successive des couches, dont les plus extérieures ont moins de dureté que les intérieures, ou dont la solidité augmente à

(1) Lignum fasciculatum. *Daubenton.*

mesure qu'elles approchent du centre. Ces couches, composées de fibres disposées en réseaux (1), sont agglutinées par le tissu utriculaire, qui leur est interposé; et la moelle, qu'on regarde comme la source du tissu utriculaire, réside dans l'axe du végétal, où elle est renfermée comme dans un canal.

Les feuilles, dans les plantes monocotylédones, sont presque toujours simples, et munies de nervures longitudinales, droites, non flexueuses, généralement parallèles entre elles : dans les dicotylédones, au contraire, elles sont tantôt simples, tantôt composées, et elles sont ordinairement marquées ou relevées de nervures flexueuses qui se croisent et s'anastomosent.

La nature, qui semble avoir réuni par des gradations insensibles tous les êtres vivans, a placé, pour ainsi dire, entre les végétaux dont l'organisation est la plus parfaite, et ceux en qui elle est si difficile à déterminer, des individus intermédiaires qui sont le lien et le terme moyen des deux extrêmes. Les végétaux monocotylédones qui présentent un appareil d'organes dont les acotylédones sont privés, se trouvent liés aux dicotylédones, plus riches dans leur organisation, par une division facile à saisir et qui se présente naturellement. En effet, les dicotylédones sont ou apétales, ou monopétales, ou polypétales. Les dicotylédones apétales suivent immédiatement les monocotylédones, qui sont tous dépourvus de corolle. Viennent ensuite les dicotylédones monopétales, dans lesquels existe une corolle d'une seule pièce, mais en qui on remarque moins rarement ce grand nombre des parties de la fructification que nous découvrons dans les dicotylédones polypétales. C'est dans les plantes de cette

---

(1) Lignum reticulatum, *Idem*.

dernière sous-division que l'organisation végétale est la plus parfaite, relativement au nombre et au complément des organes : c'est presque uniquement parmi elles qu'on observe les phénomènes surprenans de l'*irritabilité*, du *sommeil*, &c., qui semblent prouver que le principe de la vie est plus développé dans ces végétaux.

*Développement de la Méthode naturelle d'*A. L. de Jussieu.

Dictionnaire de botanique du C.en *Ventenat*, art. *Jussieu*, pag. 292.

Antoine-Laurent de Jussieu a publié, en 1789, un ouvrage dans lequel il trace non-seulement les affinités de tous les végétaux connus, mais où il développe encore, dans toute leur étendue, les principes qui l'ont guidé soit dans ses recherches, soit dans les rapprochemens qu'il a jugés conformes à la marche de la nature. On peut juger du mérite de cet ouvrage par le témoignage qu'en ont rendu les botanistes français et étrangers. *Smith*, dans ses *Plantarum icones*, &c. (fascicule 2, page 36), s'exprime en ces termes : *Celeberrimus* Ant. de Jussieu *librum nuper edidit sub titulo*, Genera plantarum secundùm ordines naturales disposita, *quo doctiorem vix unquàm videbit orbis botanicus.* C'est dans cet ouvrage qu'il faut étudier la méthode naturelle. Il est difficile de présenter dans un extrait les développemens qui seraient nécessaires pour en faire connaître tout le mérite. Nous nous bornerons simplement à exposer la manière dont les caractères ont été envisagés, les principes sur lesquels la méthode est fondée, et les différens organes qui ont fourni les divisions.

1.° Les caractères employés dans la méthode naturelle, sont puisés dans la nature, et ne sont point arbitraires comme ceux qu'emploient les auteurs systématiques. *Jussieu* regarde ces caractères comme étant le seul et le véritable but des recherches du botaniste ; et il pense qu'ils doivent être considérés uniquement quant à leur nombre, leur valeur et leur affinité.

2.° Quand on connaît le nombre et la valeur des caractères, il faut déterminer ceux qui conviennent aux espèces, aux genres, aux ordres et aux classes. Mais quels sont les principes qui doivent diriger dans cette détermination !

Le premier principe qui a paru devoir servir de base à la science, est celui-ci : *Rapprocher les êtres qui se ressemblent dans le plus grand nombre de leurs parties.* Ce principe n'a besoin que d'être énoncé pour être compris et pour être reconnu vrai et naturel. Déjà on en a fait une application, en réunissant, dans l'espèce, tous les individus semblables dans toutes leurs parties. En s'élevant graduellement, on a de même rapproché les espèces semblables dans le plus grand nombre de leurs parties. Mais la nature, qui a doué les végétaux de divers organes qui servent à leur conservation et à leur reproduction, n'a pas donné à ces organes un degré égal d'importance : les uns sont plus essentiels, les autres le sont moins. De plus, il existe dans chaque organe diverses considérations d'un intérêt majeur ou d'un intérêt moindre ; il en résulte qu'il doit exister une valeur différente dans les caractères tirés des divers organes, ou des diverses considérations de chaque organe. De là ce second principe : *Dans l'énumération ou l'addition des caractères, chacun doit être calculé ou additionné, non comme une unité, mais suivant sa valeur relative ; de sorte qu'un caractère d'un ordre supérieur équivaille à plusieurs caractères d'un ordre inférieur.* Ce second principe très-certain a peut-être besoin de quelques exemples pour être bien compris, et de quelques preuves pour être confirmé. Ces exemples et ces preuves se trouvent dans les genres, que tout le monde reconnaît comme très-naturels, lesquels sont fondés plus spécialement sur certains caractères que la nature semble préférer à d'autres. Tels sont en général les caractères de la fructification; et parmi ceux-ci elle fait encore un choix. Ce même principe s'applique non-seulement à la formation des genres, mais encore à celle des ordres et des classes. En calculant toujours la valeur relative des caractères, on est conduit naturellement à réserver ceux qui ont une plus grande valeur, pour former les plus grandes divisions; et l'on parvient à établir, si je puis m'exprimer ainsi, plusieurs rangs de caractères qui ont une valeur différente. D'après l'analyse des genres et des familles reconnues comme très-naturelles, on peut distinguer quatre divisions principales de caractères.

Dans la première, on mettra ceux qui sont essentiels, invariables, toujours uniformes, tirés des organes les plus importans. Tels sont, la structure de l'embryon, et la position respective des organes sexuels, que l'observation démontre conforme, dans les familles avouées généralement comme très-naturelles. C'est ainsi que, dans les graminées, l'embryon est toujours à un lobe, et que les étamines sont constamment hypogynes.

La seconde division présentera les caractères généraux presque uniformes, et variables seulement par exception, tirés des organes non essentiels. Ces caractères sont, la présence ou l'absence du périsperme, du calyce, et de la corolle qui ne porte pas les étamines; la structure de cette corolle, considérée comme monopétale ou comme polypétale; la situation respective du calyce et du pistil, et la nature du périsperme. C'est ainsi que la corolle est toujours conforme dans le même ordre. Elle est nulle dans les graminées et les liliacées ; monopétale dans les labiées et les composées ; polypétale dans les ombellifères, les crucifères, les légumineuses : cependant elle est quelquefois monopétale dans les légumineuses, nulle dans les crucifères, comme on peut le voir dans quelques espèces de trèfle, de *mimosa* et de *lepidium.* De même le calyce est supérieur à l'ovaire dans les ombellifères et les composées ; il est inférieur dans les graminées, dans les labiées ; tandis que, dans les liliacées, il est tantôt inférieur et tantôt supérieur.

La troisième division offre les caractères constans dans une famille, inconstans dans une autre, et ne présentant en quelque sorte qu'une demi-uniformité. Ces caractères sont tirés soit des organes essentiels, soit de ceux qui ne le sont pas : tels sont, le calyce monophylle ou polyphylle, l'ovaire simple ou multiple, le nombre, la proportion et la réunion des étamines, la manière dont le fruit s'ouvre et le nombre de ses loges, la situation des fleurs et des feuilles, la nature de la tige, qui est ligneuse ou herbacée, &c. Ces caractères tertiaires n'acquièrent de valeur que par leur réunion, tandis que les secondaires ont par eux-mêmes une certaine importance, et que les primaires en ont une très-grande.

La quatrième division, qui est la plus nombreuse, renferme les autres caractères toujours inconstans, jamais uniformes dans une famille, propres seulement à distinguer les espèces, et quelquefois à concourir aux distinctions génériques.

Il est facile de suivre, dans une famille, l'application de ces différens ordres de caractères. Par exemple, dans les crucifères, les caractères primaires et uniformes sont, l'embryon à deux lobes et les étamines hypogynes ; les caractères secondaires, presque uniformes, sont, l'absence du périsperme, l'existence du calyce inférieur à l'ovaire, la corolle hypogyne et polypétale, et les semences insérées à un double placenta, latéral et opposé; les caractères tertiaires, demi-uniformes, sont, le calyce tétraphylle et caduc, quatre pétales alternes avec les folioles du calyce, six étamines tétradynames, l'ovaire simple, le fruit siliqueux, biloculaire, bivalve, les feuilles alternes et les fleurs terminales. Ces caractères peuvent varier chacun séparément : ainsi il arrive quelquefois que le calyce persiste, que des étamines avortent, que le fruit, 1- ou 3-loculaire, ne s'ouvre point, que les feuilles sont opposées, et que les fleurs sont axillaires. En examinant de même les autres familles bien connues, on trouvera la même progression de valeur dans les caractères.

C'est ainsi qu'en calculant la valeur relative des caractères, on suit la marche de la nature, sans la contrarier en aucun point; et l'on parvient, en l'étudiant perpétuellement dans les rapprochemens qu'elle présente, à en former de nouveaux, suivant le même modèle, et à saisir l'ensemble de ce qu'on nomme la méthode naturelle.

D'après les principes énoncés et la classification des caractères déterminée par l'analyse précédente, il est évident que les caractères les plus généraux et les moins variables des plantes doivent être tirés des organes les plus essentiels, et de la modification la plus importante de ces organes. La racine, la tige et les feuilles, souvent dissemblables dans des plantes évidemment analogues, ne peuvent fournir des caractères principaux. Le calyce et la corolle, qui sont des organes accessoires, manquent dans plusieurs plantes; on ne peut donc s'y arrêter pour former un premier caractère. Les étamines et le pistil, formant le complément de la fleur, sont des organes essentiels : mais ils se flétrissent après avoir rempli leurs fonctions importantes ; tandis que l'ovaire croît, se développe, et devient un fruit parfait, renfermant une ou plusieurs semences destinées à reproduire une nouvelle plante. C'est donc à la semence, ou à l'embryon, qui en est la partie la plus importante, qu'on doit s'attacher pour établir les caractères principaux sur lesquels sont fondées les premières divisions des végétaux. En effet, c'est pour l'embryon qu'a existé tout le riche appareil de la fructification ; c'est lui qui partout est l'objet des soins les plus recherchés de la nature ; c'est lui qui est l'abrégé de la plante ; et c'est en lui qu'est concentré l'ensemble de tous les caractères, puisqu'il contient les rudimens de tous les organes.

L'embryon est composé de la plumule, de la radicule et des lobes ou cotylédons. Il est hors de doute que la plumule et la radicule, constituant plus essentiellement la jeune plante, sont aussi les organes qui doivent offrir les premiers caractères. La différence constante observée par le professeur *Desfontaines* dans la structure intérieure des monocotylédones et des dicotylédones adultes, doit exister également dans la plumule et dans la radicule ; mais la petitesse des organes ne permet pas d'y saisir ou d'y démontrer cette différence d'organisation interne. Alors on se sert d'un caractère plus apparent, qui, tenant aux précédens, et les accompagnant toujours, devient un indicateur exact de leur existence. Ce caractère est celui du nombre des lobes de l'embryon, qui offrent trois grandes différences toujours uniformes, soit dans les familles connues, soit dans celles qui sont faites sur leur modèle. En effet, l'embryon est rarement dénué de lobes; quelquefois il n'en a qu'un seul, mais le plus souvent il est à deux lobes. Cette différente manière d'exister de cet organe important, établit trois grandes divisions parmi les végétaux; savoir, les *acotylédones*, les *monocotylédones* et les *dicotylédones*. C'est ainsi que dans les productions organiques animales, les oreillettes et les ventricules du cœur, qui varient en nombre, fournissent les principaux caractères qui distinguent les quadrupèdes, des poissons, &c.

Les organes qui après l'embryon tiennent le premier rang, sont les étamines et les pistils; mais comme ces deux organes n'ont de puissance et de valeur dans la reproduction végétale qu'en réunissant leurs forces, de même, dans la détermination des plantes, ils ne peuvent fournir aucun caractère constant, lorsqu'ils sont pris séparément. On doit donc conclure que de tous les caractères fournis par ces deux organes, le seul vraiment important est celui qui est commun aux deux : il se tire de leur disposition respective; caractère qui est exprimé par l'insertion des étamines, laquelle suppose toujours la position relative du pistil.

La position des étamines est sujette à trois différences, qui dépendent de la situation de ces mêmes étamines à l'égard du pistil. Ainsi les étamines sont portées sur le pistil *(épigynes)*, ou insérées *sous* cet organe *(hypogynes)*, ou attachées autour de cet organe, c'est-à-dire au calyce *(périgynes)*. Ces trois insertions très-distinctes ne sont jamais confondues dans le même ordre. L'insertion est constamment épigyne dans les ombellifères, hypogyne dans les crucifères, périgyne dans les rosacées.

Il est encore une insertion appelée *épipétale* ou sur la corolle : tantôt elle existe seule dans les ordres

entiers

entiers, tels que les labiées et les composées; tantôt elle se rencontre, quoique très-rarement, avec les trois autres insertions, dans le même ordre, dans le même genre, et jusque sur la même fleur. C'est ainsi que les étamines périgynes dans les légumineuses, sont épipétales dans quelques espèces de *mimosa* et de trèfle; c'est ainsi que, dans la fleur de l'œillet, il y a souvent cinq étamines épipétales et cinq hypogynes. On n'est point surpris de ces différences, lorsqu'on refléchit sur l'affinité de la corolle et des étamines; lorsqu'on observe que la corolle, espèce d'appendice des étamines, doit, dans le cas de cette insertion, être regardée comme un simple support intermédiaire, dont l'insertion détermine celle des étamines.

De cette observation dérive naturellement le principe suivant : *Les étamines insérées à la corolle sont censées avoir leur insertion sur la partie qui sert de support à la corolle.*

La corolle donne donc lieu à deux modes d'insertion : l'un immédiat, lorsque les étamines sont attachées immédiatement à quelqu'un des trois points ci-dessus énoncés; l'autre médiat, lorsque les étamines sont portées sur la corolle, qui, dans ce cas, répond à quelqu'un des trois points. Ces deux insertions, réunies quelquefois dans le même genre et dans la même fleur, n'infirment point la valeur du caractère essentiel, pourvu que l'origine de l'insertion soit la même pour les étamines et pour la corolle staminifère. Il y a donc trois insertions principales entièrement distinctes les unes des autres, et jamais réunies dans les ordres, quoiqu'elles paraissent l'être quelquefois.

L'insertion des étamines étant démontrée invariable, et les lois qui la concernent étant établies, on en déduit facilement la première sous-division des trois grandes distributions faites par la nature dans les plantes, en *acotylédones*, *monocotylédones* et *dicotylédones*. Les acotylédones n'offrant point d'organes sexuels apparens, et contenant un moindre nombre d'ordres et de genres, ne forment qu'une seule classe. Les monocotylédones, privées toujours de corolle, se divisent en trois classes, à raison de trois espèces d'insertions. La même division a lieu pour les dicotylédones; mais chacune de ces divisions renferme l'insertion immédiate et l'insertion médiate.

Voilà donc sept classes établies d'après des caractères uniformes, fournis par les organes les plus essentiels.

Cette seconde distribution des végétaux est remarquable par sa conformité avec celle des animaux. Toutes les deux sont établies sur les principaux caractères que fournissent les organes essentiels. Les quadrupèdes et les oiseaux, semblables par la structure de leur cœur, qui est à deux ventricules et à deux oreillettes, diffèrent dans la conformation de leurs organes sexuels, qui déterminent la génération des vivipares dans les uns et la génération ovipare dans les autres. Une différence aussi frappante existe également dans les organes sexuels des reptiles et des poissons, dont le cœur est uniloculaire et uniauriculé. Enfin, dans les insectes coléoptères, hémiptères, &c., le cœur n'est autre chose qu'un long vaisseau simple qui règne le long du dos, et auquel on ne remarque qu'un certain nombre d'étranglemens sans veines ni artères. Les productions organiques végétales peuvent donc être comparées à des ruisseaux qui sortent de la même source, ou à deux rameaux produits par le même tronc. Les végétaux et les animaux sont donc sujets, dès leur naissance, à des lois constantes et invariables; il était donc nécessaire que, dans leur classification, les divisions primaires et secondaires fussent tirées des organes correspondans et les plus essentiels.

Dans le plan des divisions secondaires que nous venons de tracer, et qui est celui d'après lequel *Bernard de Jussieu* avait distribué ses ordres ou familles dans le jardin de Trianon, celle des plantes dicotylédones, quoique partagée en trois classes, était trop nombreuse pour ne pas exiger de nouvelles sous-divisions. Mais comment parvenir à caractériser de nouvelles coupes, après avoir épuisé les caractères primaires ? Une connaissance profonde, raisonnée, et ingénieusement combinée, des caractères et de leur valeur, a aplani toute difficulté. Les caractères secondaires ont été employés sans enfreindre les lois de la nature, et sans rompre les liens qui unissent les ordres qu'elle a manifestement groupés.

Parmi ces caractères, il en est qui tiennent de si près aux essentiels, qu'ils semblent partager leur immutabilité : telles sont l'existence et l'insertion de la corolle staminifère. A la vérité, lorsque la corolle ne porte pas les étamines, elle ne fournit aucun caractère important ; mais si les étamines sont insérées sur cet organe, alors il fournit un caractère vraiment essentiel. Les autres caractères, voisins des primaires, et ne participant qu'à demi à leur immutabilité, réputés caractères généraux quoiqu'ils varient quelquefois par exception, sont, la corolle, considérée comme monopétale ou comme polypétale, et sa situation, lorsqu'elle ne porte pas les étamines. On observe que la corolle monopétale est presque toujours staminifère, tandis que la polypétale ne l'est presque jamais, et que son insertion est ordinairement la même que celle des étamines. Ainsi, à quelques exceptions près, on peut déduire l'insertion des étamines, de l'insertion et du nombre des parties de la corolle.

La corolle, qui est un organe si approchant des étamines, peut donc fournir de nouveaux caractères essentiels ou du moins généraux, au moyen desquels on détermine de nouvelles divisions de classes. Cette observation explique pourquoi le système de *Linné* est moins naturel que celui de *Tournefort.* Le botaniste suédois ne recueillit d'un organe essentiel ou primaire que des caractères de troisième valeur, tandis que le botaniste français, en distinguant les plantes apétales, monopétales et polypétales, ne s'attacha, à la vérité, qu'à un organe secondaire, mais fit choix de caractères de seconde valeur. Le sexe des plantes n'étant pas généralement adopté de son temps, il avait négligé les étamines et leur rapport avec la corolle. L'auteur de la méthode naturelle a fait valoir les caractères que *Tournefort* avait passés sous silence; et il à trouvé dans la corolle un moyen simple de multiplier les classes sans s'écarter des lois de la nature.

C'est ici qu'il faut rappeler les deux modes d'insertion des étamines, savoir, l'insertion médiate et l'insertion immédiate, qu'il ne faut plus confondre comme dans la seconde division, mais qu'il faut distinguer avec le plus grand soin. L'insertion médiate, comme nous l'avons vu, suppose l'existence de la corolle, c'est-à-dire, du support des étamines. L'insertion immédiate est celle qui a lieu dans les trois points désignés, sans la participation de la corolle. Mais cette insertion est ou essentiellement ou simplement immédiate: elle est essentiellement immédiate, lorsqu'il n'existe pas de corolle; et elle est simplement immédiate, si la corolle existe, parce que, dans ce dernier cas, la corolle ayant une origine commune avec les étamines, et ces deux organes étant rapprochés par leur base, il est évident qu'ils peuvent quelquefois contracter entre eux l'adhérence.

L'observation fait connaître que généralement, lorsque la corolle porte les étamines, elle est monopétale; d'où il résulte qu'à quelques exceptions près, corolle monopétale et insertion médiate sont deux caractères qui marchent ensemble, et que l'un suppose l'autre. L'insertion est essentiellement immédiate, lorsque la corolle n'existe pas; d'où il suit encore que cette insertion et la fleur apétale sont deux signes toujours liés, et qu'on peut substituer l'un à l'autre. L'insertion simplement immédiate suppose une corolle, et l'expérience démontre que la corolle qui ne porte pas les étamines est ordinairement polypétale; d'où il suit que corolle polypétale et insertion simplement immédiate sont des caractères unis entre eux. On peut donc substituer avec succès aux termes ou caractères d'insertion médiate, d'insertion simplement immédiate, et d'insertion absolument immédiate, ceux de corolle monopétale, polypétale ou nulle, qui sont leurs représentans, et qui annoncent généralement leur existence.

Ces nouvelles considérations présentent un plan plus divisé que celui qui avait été tracé dans le jardin de Trianon; elles offrent un moyen de multiplier les classes, et conservent en entier les familles naturelles. C'est ainsi qu'*Antoine-Laurent de Jussieu* a lié ensemble les principaux caractères que *Tournefort* avait tirés de la corolle, avec le caractère solide et immuable que fournit l'insertion des étamines.

En revenant sur toutes les divisions que fournissent les caractères ci-dessus énoncés, on voit que les plantes sont d'abord divisées en *acotylédones*, *monocotylédones* et *dicotylédones*.

Les acotylédones sont et resteront indivisibles, jusqu'à ce que leur organisation soit parfaitement connue. Les organes sexuels sont peu apparens, et difficiles à apercevoir dans la plupart des plantes que renferme cette division; et quelques botanistes pensent qu'ils sont souvent séparés, et qu'ils sont portés chacun sur des individus différens. Il est donc impossible d'observer leur insertion : aussi l'on s'est borné à ranger les genres analogues dans différens ordres.

Les monocotylédones, privées de corolle, ne peuvent avoir qu'un mode d'insertion, savoir, l'insertion absolument immédiate : mais cette insertion étant ou *hypogyne*, ou *périgyne*, ou *épigyne*, il s'ensuit que les monocotylédones fournissent trois classes.

Les dicotylédones, qui sont dix fois plus nombreuses que les acotylédones et les monocotylédones ensemble, exigent un plus grand nombre de classes; et ce nombre est fourni par la corolle considérée comme non existante, comme monopétale et comme polypétale.

Les dicotylédones apétales, étant plus simples, suivent immédiatement les monocotylédones, qui sont toutes apétales. Elles sont également divisées en trois classes, en raison de leur insertion, qui est *épigyne*, *périgyne* et *hypogyne*.

Viennent ensuite les dicotylédones monopétales, dont les étamines sont presque toujours épipétales, et changent à peine leur insertion propre : mais on leur substitue l'insertion de la corolle, qui est *hypogyne*, *périgyne* ou *épigyne*. De plus, il faut remarquer que, dans l'insertion épigyne, ou les anthères sont reunies comme dans les composées, ou elles sont parfaitement libres. Ainsi, les dicotylédones monopétales fournissent quatre classes; savoir : 1.° celle où l'insertion de la corolle est périgyne; 2.° celle où l'insertion est hypogyne;

3.° celle où l'insertion est épigyne, les anthères étant réunies; 4.° celle où l'insertion est également épigyne, les anthères étant libres.

Les dicotylédones polypétales sont encore considérées par rapport aux trois points d'insertion, et elles fournissent trois classes; savoir, les polypétales *épigynes*, les polypétales *hypogynes*, et les polypétales *périgynes*. Il faut remarquer que, dans ces trois classes, les étamines sont rarement portées sur les pétales; alors le point d'insertion est censé être celui des étamines.

Enfin, l'ensemble de la méthode est terminé par les plantes dicotylédones diclines, qui ne peuvent être soumises à la loi des insertions, puisque les organes sexuels sont séparés, et résident dans différentes fleurs. Ces plantes ne doivent pas être confondues avec celles qui ne sont diclines que par accident ou avortement, et qui doivent être placées à côté des hermaphrodites, dont elles sont congénères.

Ces onze classes des dicotylédones, réunies à celle des acotylédones et aux trois fournies par les monocotylédones, forment en tout quinze classes parfaitement distinctes, et dont aucune, si ce n'est dans des exceptions très-rares, n'interrompt la suite des ordres naturels.

Telle est la méthode tracée par *Antoine-Laurent de Jussieu* : elle est fondée sur les mêmes bases que celle qui fut établie à Trianon par *Bernard de Jussieu* son oncle. Ces deux méthodes, qui sont également dirigées vers le développement de la marche de la nature, ne diffèrent qu'en ce que la nouvelle, dans le dessein d'aplanir les difficultés de la science, a élevé à onze les divisions des plantes dicotylédones, portées seulement à trois dans celle de Trianon.

Chaque classe de la nouvelle méthode est divisée en un plus ou moins grand nombre de familles,

Mais quels sont les caractères qui ont présidé à la distribution de ces familles ?

En rappelant les deux grands principes qui servent de base à la méthode naturelle, on a vu que, suivant la règle qui en dérive, les caractères essentiels et invariables, ayant une valeur plus grande que tous les autres, ont dû nécessairement servir à déterminer les premières grandes divisions. On a vu ensuite qu'en observant la même règle, qu'en calculant la valeur des caractères, ceux que l'on nomme généraux et qui tiennent le premier rang après les essentiels, sont impérieusement désignés par la nature pour présider aux premières sous-divisions. Ces caractères du second ordre sont, comme nous l'avons dit, l'existence ou l'absence du périsperme, du calyce, et de la corolle lorsqu'elle ne porte pas les étamines ; la structure de cette corolle, considérée comme monopétale ou polypétale ; la situation mutuelle du calyce et du pistil, et la nature du périsperme quand il existe. On a montré que ces caractères, généralement constans, varient cependant par exception, ce qui diminue leur valeur et les place au second rang : mais lequel de ces caractères doit passer le premier dans l'ordre naturel ?

Comme il existe une liaison, un rapport entre l'existence de la corolle staminifère, qui tient un rang supérieur, et la structure de cette corolle, considérée comme monopétale, polypétale ou nulle, on a employé ce caractère pour les premières sous-divisions. Il n'est cependant pas démontré que ce caractère soit le premier parmi ceux du second ordre. La liaison intime avec un caractère du premier ordre est seulement une induction en sa faveur ; on peut lui accorder la primauté jusqu'à nouvel ordre, jusqu'à ce que de nouvelles observations aient fixé un rang invariable à chacun des caractères du second ordre. Mais après lui, quel est le caractère que les observations présentent comme le plus important, comme celui qui doit présider aux divisions du troisième ordre ou de la distribution des familles dans les classes? Est-ce la situation respective du calyce et du pistil, ou l'existence et la nature du périsperme?

Le premier de ces caractères est toujours uniforme dans plusieurs classes, et il n'offre des différences que dans le cas des insertions périgynes. Alors il varie dans une même famille, comme on le voit dans les rosacées, les narcissoïdes, les ficoïdées, les mélastomées, et en général dans les familles où le calyce tubulé, recouvrant le pistil, tantôt contracte avec lui une adhérence, tantôt lui est seulement superposé sans adhérence.

Le caractère tiré du périsperme, l'un des plus constans, est généralement uniforme dans tous les ordres; cependant il offre des variations remarquables. Dans quelques familles, qui paraissent très-naturelles, telles que les jasminées, les azédarachs, les légumineuses, une partie des genres manque de périsperme, une autre est munie d'un périsperme charnu, si toutefois on doit donner ce nom à un renflement charnu de la membrane intérieure, appliquée immédiatement sur l'embryon. Le vrai périsperme est celui qui existe indépendamment des deux membranes qui recouvrent habituellement l'embryon, et qui est renfermé avec lui sous ces mêmes membranes. Le vrai périsperme est ordinairement de même nature dans toute une famille; et des rapprochemens heureux, faits par son moyen, semblent prouver qu'il mérite de présider aux divisions du troisième ordre, et que le caractère qu'il fournit a une grande valeur. C'est celui qu'a employé *Jussieu* dans ses diverses polypétales, dans ses apétales périgynes, dans ses apétales diclines ou irrégulières; et on a pu observer que plusieurs de ses rapprochemens sont très-naturels. Il l'a négligé comme caractère supérieur, dans ses monopétales hypogynes; mais il dit dans son *Genera*, page 95, que la structure intérieure de la graine, dans cette classe, n'était pas encore suffisamment connue; et il paraît que, lorsqu'un examen attentif aura complété les connaissances sur ce point, cette structure pourra devenir la base de la distribution des monopétales. Les observations précieuses faites par *Gærtner* seront d'un grand poids dans ce travail digne d'occuper les véritables naturalistes. La *Carpologie* ou le *Traité des fruits*, publié par ce célèbre Allemand, tend à perfectionner la méthode naturelle; et on doit souhaiter que la structure des fruits et des graines qu'il n'a pas examinés, soit décrite par un botaniste aussi bon observateur et également laborieux.

Si maintenant on veut connaître comment *Jussieu* a employé le caractère tiré de la structure intérieure de la graine pour la distribution des familles, on verra que, dans la classe des polypétales périgynes, les ordres qui ont un périsperme farineux ou presque farineux, passent les premiers pour établir une affinité avec le dernier ordre de la classe précédente: tels sont les joubarbes, les saxifrages, les cactes, les portulacées, les ficoïdées. A leur suite paraissent les ordres dénués de périsperme, tels que les onagres, les myrtes, les mélastomées, les salicaires, les rosacées, les légumineuses, les térébinthacées. L'ordre des nerpruns se distingue de tous les précédens, par un périsperme charnu qui le rapproche des euphorbes, premier ordre de la classe suivante. Les groupes d'ordre ainsi formés sont très-naturels; et plus on les observera avec attention, plus on reconnaîtra qu'il serait difficile de les décomposer, et qu'on peut tout au plus, dans chaque groupe, faire une autre distribution partielle. (Voyez *Genera Jussieu*, pag. 306.)

Cette importance du périsperme est encore confirmée par les propriétés résultantes de sa présence ou de son absence. (*Genera Jussieu*, pag. 392.) Lorsque l'embryon est enveloppé d'un périsperme charnu, il acquiert une propriété délétère et éminemment purgative; au contraire, il est beaucoup moins actif, ou plutôt il ne l'est point du tout, lorsqu'il est dénué de périsperme. Ainsi les observations du médecin et celles du naturaliste concourent à appeler l'attention sur la structure intérieure de la graine, et à prouver l'importance du caractère qu'elle fournit; caractère qui tient un des premiers rangs dans l'ordre naturel.

Le tableau que nous venons de présenter de la méthode naturelle, a été tracé d'après les grandes vues que renferme le *Proœmium* placé à la tête du *Genera de Jussieu*. C'est dans cette source pure et féconde que nous invitons le lecteur à puiser la connaissance des vrais principes de la science, et à suivre l'application qui en a été faite pour la formation des familles.

Nous terminerons ces développemens par le tableau abrégé de la méthode naturelle.

(*Suit le Tableau.*)

TABLEAU de la MÉTHODE NATURELLE.

					Classe
ACOTYLÉDONES					1.
MONOCOTYLÉDONES		*ÉTAMINES*	Hypogynes		2.
			Périgynes		3.
			Épigynes		[illegible]
DICOTYLÉDONES	APÉTALES, ou insertion absolument immédiate.	*ÉTAMINES*	Épigynes		5.
			Périgynes		6.
			Hypogynes		[illegible]
	MONOPÉTALES, ou insertion médiate.	*COROLLE*	Hypogyne		8.
			Périgyne		9.
			Épigyne	Anthères adhérentes	10.
				Anthères distinctes	11.
	POLYPÉTALES, ou insertion simplement immédiate.	*ÉTAMINES*	Épigynes		12.
			Hypogynes		13.
			Périgynes		14.
	DICLINES irrégulières				15.

BIBLIOTHÈQUE NATIONALE R.F. LIBRAIRIES

TABLE DES MATIÈRES.

FIN DE LA TABLE.

www.ingramcontent.com/pod-product-compliance
Ingram Content Group UK Ltd.
Pitfield, Milton Keynes, MK11 3LW, UK
UKHW012242240726
13966UKWH00003B/1228